DIANWANG SHEBEI
ZHUANGTAI JIANCE TIXI JIANSHE

电网设备
状态检测体系建设

广州供电局有限公司电力试验研究院　王勇　编

内 容 提 要

本书对国内电网企业尤其是广州供电局有限公司近年来状态检测体系建设的研究与实践情况进行了归纳和总结。其中，第一章提出了基于“可靠性、经济性、有效性”等多目标趋优的电网设备状态检测体系概念，阐述了该体系建立的驱动因素，挖掘了其内涵；第二章介绍了电网设备状态检测体系建立的目标、方法和任务；第三章介绍了状态检测体系建设的关键支撑技术和成本计算方法；第四章研究并论证了状态检测体系建设可能的管理策略；第五章介绍了广州电网的应用实践情况和对未来发展的展望。

本书不仅适用于电网企业资产管理、预防性试验、运行、检修及基建工程相关技术、管理人员，对高校、科研院所从事设备检测、检验技术的研究人员，以及电力设备制造、仪器仪表检测技术开发人员都也较高的参考价值。

图书在版编目（CIP）数据

电网设备状态检测体系建设 / 王勇编.—北京：中国电力出版社，2014.7

ISBN 978-7-5123-5713-6

Ⅰ.①电… Ⅱ.①王… Ⅲ.①电网－电气设备－检测 Ⅳ.①TM7

中国版本图书馆 CIP 数据核字（2014）第 060240 号

中国电力出版社出版、发行

（北京市东城区北京站西街 19 号 100005 http://www.cepp.sgcc.com.cn）

汇鑫印务有限公司印刷

各地新华书店经售

*

2014 年 7 月第一版 2014 年 7 月北京第一次印刷

710 毫米×980 毫米 16 开本 12.5 印张 184 千字

印数 0001—2500 册 定价 **45.00** 元

前 言

长期以来，我国电网企业一直沿袭通过定期停电预防性试验的设备监督管理模式以达到检查设备运行状况的目的。而欧美等西方国家则一般不进行定期停电试验，主要通过严把设备验收关、加强电网建设、做好不停电检测及二次系统防护等措施来确保电网安全。

从多年运行情况看，上述两种模式各有优缺点。我国所沿袭的模式在确保设备安全方面取得了一定成效，但由于周期长、缺乏针对性等一系列因素，使得预防性试验具有一定盲目性，不但影响了可靠性的提高，也浪费了大量人力物力；欧美等西方国家采取的模式节省了大量成本，但由于缺乏对设备的有效监管，导致发生多起因设备故障扩大而引起的电网事故，造成了不良社会影响。

新加坡对上述两种模式进行了改革，形成了以带电测试为主、结合检修试验为辅的设备监督管理模式，既克服了西方国家的管理缺陷，又对我国一直沿袭的模式进行了改革，取得了良好的经营业绩。但该模式有其独有的特点，如其没有大规模、远距离输电网络，其线路全部为电缆，变电站全部为气体绝缘金属封闭开关设备（GIS），因此，该模式值得借鉴，但并不完全适合于我国，应结合我国国情进行改革，逐步建立适合我国的检测体系。

本书在总结国内多家电网企业尤其是广州供电局有限公司近年来开展的状态检测体系建设研究与实践工作经验基础上，阐明了新型状态检测体系的概念与内涵，分析了传统预防性试验体制存在的问题，概括了新型状态检测体系的关键支撑技术，研究并论证了状态检测体系建设可能的管理策略，总结了近年现场的实践情况，以期同电网企业同仁共勉，开展这方面的经验交流。

在编写过程中，国家电网公司电力科学研究院、原华东电力试验研究院有限责任公司、国网福建省电力科学研究院、国网北京市电力公司、国网上海市电力公司，中国南方电网有限责任公司生产设备管理部，广东及广西电网公司电力科学研究院、广州供电局有限公司等相关部门、单位协助提供了部分资料；清华大学梅生伟、刘卫东，西安交通大学董明，重庆大学王友元，华北电力大学李成榕、王伟等多位老师及广州供电局有限公司吴宇宁、龚建平、张泽华、张潮、蚁泽沛、吴碧华、吴国沛、陆国俊、汤毅、陈宇强、林其雄、吴琼、李刚、王劲、朱信红、李信、黄炎光、熊俊、黄青丹、黄慧红、叶建斌、王志军等领导和同仁给予了指导并提供了部分素材；编写时还参考了相关书籍，引用了有关文献、标准及研究报告等材料，在此，对相关单位、作者及技术人员表示衷心的感谢。

由于作者水平所限，书中难免有不妥和不足之处，恳请读者批评指正。

编　者

2013 年 11 月 30 日

目 录

第一章

国内外电网设备状态检测体系概述

电力行业是资产密集型企业，电网企业效益的好坏与设备资产的安全稳定运行及其运维成本紧密相关。目前，我国电网企业资产回报率与国际先进供电企业还有较大差距，如按2011年世界500强每百万美元营业额利润值计算，国际先进电网企业利润值普遍是我国电网企业的2～3倍。因此全面提高设备管理的针对性和有效性，确保设备在尽可能低的成本下连续安全稳定运行，进而实现设备管理、决策的科学化对提高电网企业效益无疑具有重要意义。

一般来说，设备维护和检修的基本目标是使设备在服役期内的可靠性和可用率保持在预期水平且技术性能达到设计要求。国内外运行实践表明，状态检测是确保设备安全稳定运行及资产监督管理的有效手段，是确保电网可靠供电的重要措施，要实现真正意义上的状态检修，首先必须准确了解设备的真实状态。

由于状态检测、状态评估对状态检修体系的建立具有不可替代的作用，因此，全面加强状态检测体系建设已成为我国电网企业亟待加强的重要基础工作。国家电网公司、中国南方电网有限责任公司均已大力开展并强化了该项工作，而科学延长停电预防性试验、检修周期，合理确定检测及检修项目，切实保证检修效果则是两家电网企业共同追求的目标。

第一节　电网设备管理的发展历程

近半个多世纪来，国际上设备管理经历了多个阶段的演变历程。不同时期，根据不同行业的特点和要求，其管理模式发生了深刻变化，如逐步实现了从单纯维修的过程管理到设备的终生管理，逐步完成了从单纯技术、业务管理到基于技术、业务及成本最优的综合管理等。

电网设备的管理变革中也先后出现了多种检修模式，归纳起来有以下 5 种。

一、事后检修模式

事后检修模式出现在 20 世纪 50 年代以前，由于当时检测技术手段严重不足，设备管理要求不高，因此一般采取事后检修模式进行管理。当设备发生故障或失效时，通过对相关部件进行故障排除或维修的方式使设备恢复正常运行能力。这种模式属于非计划检修，主要用于处置不可预知的设备故障问题，在现代设备管理中，它主要针对性地用于影响极小的非重点设备或有冗余配置设备的检修。

二、预防性检修模式

预防性检修模式是一种定期检修制度体系，如定期对设备进行巡视、定期进行预防性试验和检修等。以东欧等国家为代表，这一维修方式是 20 世纪 50 年代以后出现的，一般来说它适用于已知磨损规律的设备、已具备了一定诊断手段的设备，以及难以随时停机进行检修的流水生产线设备。这种检修方式可以降低计划停机次数和时间，通过这种模式的实施，使两次检修间隔之间的可能隐患或缺陷得以部分发现，减少了部分突发性故障，一定程度上保证了设备安全稳定运行。

此外，广义的预防性维修内涵还包括加强供货商与用户之间的沟通和联系，在设备设计阶段就考虑维修问题，力争实现免维护设计等。

三、改进性检修模式

由于预防性维修模式需要投入较大人力物力，运维成本高且没有消除故障源头，不能从根本上消除类似家族性缺陷之类的缺陷隐患，也就不能从根本上杜绝事故发生，因此出现了改进性检修模式。这一模式是为了消除设备的先天性缺陷或频发故障，通过故障原因的分析，主动对设备局部结构或零件的设计加以改进，并结合检修过程予以实施的维修方式。该模式通过修理实践，对易出现故障的薄弱环节进行了改进，改善了设备技术性能，提高了设备可靠性和可用率。

四、状态检修模式

状态检修模式是从预防性检修发展而来的更高层次的检修体制，是一种以设备状态为基础、以预测状态发展趋势为依据的检修模式。状态检修通过先进的检测和诊断技术、可靠性评价和寿命预测方法，判断设备的状态，识别故障早期征兆，从而对故障部位及其严重程度、故障发展趋势做出预判断，进而确定适当和必要的检修时间和项目，在设备性能下降到一定程度或故障发生之前主动实施维修。该种检修模式显著提高了设备的可靠性和可用率，检修费用得以降低，为设备安全、稳定、优质运行提供了可靠保障。

西方国家采用状态检修方式是从20世纪70年代开始，并随着故障诊断技术的发展而逐渐进入实用化阶段。由于其在设备管理上带来的变革及取得的效益，该模式在电力系统引起了广泛重视，理论研究和生产实践都取得了丰硕成果。国外在开发和推广应用状态检修技术方面比较著名的机构有美国电力科学研究院诊断检修中心和美国CSI公司，它们均将多种诊断和检修系统运用于汽轮机、发电机系统及输变电设备上。到20世纪90年代，CSI公司已成功为六十多家大型电力企业提供了检修优化服务。据报道，美国70%的电站、电网不同程度地使用了状态检修技术。此外，日本、澳大利亚、新加坡均通过状态检修工作的开展，提高了设备可用率和供电可靠性，降低了生产成本。

基于设备状态评价的状态检修体制，是建立在管理方式和科学技术进步，尤其是检测和诊断技术发展基础之上的，广义的诊断技术还包括设备的可靠性评价与预测、寿命评估与管理等。该维修模式要求在检修结束后对检修过程和结果进行评估，不仅要通过传统的方式检验维修的效果，还要对检修决策进行评估，为今后修正决策、进一步提高管理水平提供参考。

五、以可靠性为中心的检修模式

近 20 年来，由于资产回报受到高度重视，发达国家的设备运维模式已发展到更高阶段，已逐步实现从“状态检修”到以“基于可靠性和风险为中心运维模式”（RCM）的转变。传统意义上的状态检修是指根据设备物理状态进行运维策略的制定与具体行为的实施，重点在于设备监督，不涉及经济层面的评估。而国际先进电力企业在相关模式选择时，更看重资产的投资回报率，因此，以可靠性为中心的检修模式逐渐得到认可。

以可靠性为中心的检修模式主要从电网层面和经济维度两方面出发来对检修模式进行优化。根据设备与系统的关系，区分重要程度差别对待，根据效果和效益选择维护方式，根据对系统的重要性配置资源，在风险和可靠性可接受的前提下，将成本降到最低。该模式是状态检修的更高级发展阶段，是近年来国外企业关注的热点，它强调以设备的可靠性、故障后果作为制定维修策略的主要依据。

RCM 在国外已有较多应用并取得良好效果。如美国采用以可靠性为中心的检修方式实现了检修优化，克服了传统检修方式存在的不足。日本发电设备检修协会对在核电站开展的状态检修工作进了专题研究，重点进行了 RCM 对于本国技术特点的适用性研究。此外，德国、芬兰等电网企业都进行了实际应用，可以预见，电网企业由状态检修转变为 RCM 已是大势所趋。

从理论上讲，状态检修和以可靠性为中心的检修模式是比预防性检修层次更高的检修体制。但实践表明，在电网设备的维护上完全依靠和实施某一种单纯的检修模式仍难以达到综合管理最优的目的。事实上，检修决策作为企业经营决策的重要部分，除了考虑设备现有状态外，还要考虑企业的长期发展、人财物计划安排、电力市场与负荷预测、设备调度、外协条件等因素，在充分进行风险和盈亏分析后，才能最终做出决定和计划。检修计划中包括有何时修、修什么、怎样修、谁来修、采用何种技术手段修等内容，因此，包含多种检修模式在内的复合检修方式（在国外有时统称为检修优化）更有工程意义。

根据当前国际上设备诊断技术发展现状，我国电网设备上要推行的检修体制应该是在积极应用先进检测与诊断技术、可靠性和寿命评价技术基础上，集上述各种方式于一体的检修优化方式。电网企业应根据自身条件，探索设备管理机制，培养管理人才，积累经验，逐步推进，取得理想效果。

第二节　国内外电网设备状态检测体系简介

概括地讲，目前，国际上电网设备状态检测管理体系主要包括以下 3 种。

一、东欧及我国为代表的定期停电试验模式

定期停电试验为主的预防性试验模式以东欧国家和我国为代表，主要通过定期对运行设备按规定试验条件、项目和周期所进行的停电试验，是判断设备能否继续投入运行，预防事故、保证安全运行的重要措施。新中国成立以来，我国一直承袭这种预防性试验管理体制，并建立了完善的规章制度。我国的电力设备预防性试验规程经过多次修编，预防性试验周期已逐步从 1 年放宽到 3 年。近年来，随着设备制造质量的提高和带电、在线监测技术的发展，部分企业如中国南方电网有限责任公司、国网北京市电力公司等企业已将部分设备或项目的停电试验周期延长到 6 年，试验周期的延长使电网企业解决了人员增长缓慢与设备过快增长的矛盾。

定期停电预防性试验体系对确保设备安全取得了一定成效，发现了大量隐患缺陷，但由于需要停电，对可靠性带来了一定影响。此外，由于试验周期长、停电后温度降低，难以真实反映设备实际情况等缺点，预防性试验具有一定盲目性。多年的统计结果表明，相当一部分设备事故是在停电试验合格的情况下发生的。随着设备电压等级越来越高、容量越来越大，停电试验手段的弊端日趋明显，已越来越不能满足企业降低成本和社会对可靠性要求高的需求。实际上，这种体制主要出现在电网建设和网络架构还不太健全的时候。

二、欧美等国为代表的非定期停电试验模式

这种模式以欧洲、美国、日本等西方国家为代表。这些国家一般不进行定期停电预防性试验，其日常停电试验项目很少，而相应的诊断性试验项目较多。

就试验项目而言，上述国家一般比较注重对设备运行状态量、控制参量的

监测，这是因为这些国家电网建设普遍比较健全，对单个设备的可靠性要求不高。如早在20世纪80年代，借助于传感器、计算机及通信技术发展，美国电力科学研究院在费城建立了设备监测与诊断中心，系统研究了发电厂与电网设备的状态检测技术，应用了振动分析、声像分析、化学分析、红外检测、应力应变分析等多项技术开展了设备故障诊断，取得了良好效果。在变电站设备检修方面，红外成像、便携式绝缘油分析、超声波检测、局部放电检测、振动测试等技术被成功地应用于变压器、断路器、GIS 等关键设备的状态诊断与风险评估，提高了设备可靠性，合理延长了检修周期并有效降低了维修费用。

上述技术在美国某电网公司应用及其带来的经济效益情况统计如表 1-1 所示。可以看出，表中所列的检测技术基本为非停电测试项目，其中以广泛应用红外热成像方法取得的效益最高。

表 1-1　　美国采用的几种检测技术效果比较

所采用技术	发现异常数	所占比例	避免损失（美元）	效益
红外热成像	860	63.5%	7560697	64.5%
光学法	303	22.4%	2202354	18.8%
绝缘油分析	64	4.7%	892049	7.7%
超声检测	96	7.1%	946020	8.0%
振动测试	32	2.3%	134640	1.0%
总计	1355	100%	11735760	100%

三、新加坡等国为代表的状态检测管理模式

这种模式以新加坡、澳大利亚等国家为代表，是一种介于上述两种模式之间的预防性试验管理模式，即以带电状态检测为主，结合检修试验为辅的监督管理模式。该模式兼顾了上述两种模式的优点，主要针对配网设备开展，它较好地解决了配网设备不停电开展状态检测的问题，并取得了较好的经营业绩。

新加坡从 1997 年开始执行以状态检测为主导的检修体系，其对象逐渐从部分设备辐射到大多数电网设备，目前已能够对电缆、变压器、GIS、配电柜等一系列设备开展状态检测工作，通过状态检测实现了状态检修。

由于各个国家的国情不同，所以，国外的管理模式虽有值得借鉴的地方，但不一定完全适合于我国。因此，在系统学习国外的先进经验时，应结合我国国情进行适应性改革，从而建立适合于我国的新型状态检测体系。

第三节　电网设备状态检测体系建立的驱动因素

如前所述，长期以来，我国一直采用通过定期停电进行预防性试验来达到检查设备运行状况的目的。这种模式对预防设备事故起到了一定作用，但也存在一系列的问题，如占用了过多停电时间、影响了可靠性提高，投入成本高、检测效率低等，因此，对这种模式进行改革，建立一种新型的状态检测体系极为必要。

一、供电可靠性提升对状态检测体系提出的要求

随着社会的发展与进步，电能已成为人们生活中密不可少的产品。现代大型城市电网对供电可靠性要求高的问题日益突出，没有电，许多问题无从谈起。如 2008 年的抗冰救灾，使我国全社会更加深刻地认识到电能对人们日常生活影响程度有多么巨大；电力行业更加深刻地认识到切实有效地提高供电可靠性，尽可能减少停电，已成为企业履行社会责任的具体表现。

顺应这一社会潮流，中国南方电网有限责任公司及时启动了以可靠性为总抓手的创先战略，要求以提高供电可靠性为总抓手，全面接轨国际先进供电企业。

对标结果表明，我国供电可靠性与国际先进供电企业差距较大。如 2006 年，广州电网城市用户平均停电时间为 24.53h/（户·年），而与此同时，国际先进城市用户平均停电时间约为 50min/（户·年），新加坡平均停电时间最少约为 0.5min/（户·年）。与国际先进电网企业相比，我国的可靠性指标明显落后。2006 年广州电网与新加坡新能源电网有限公司可靠性指标对比如图 1-1 所示。

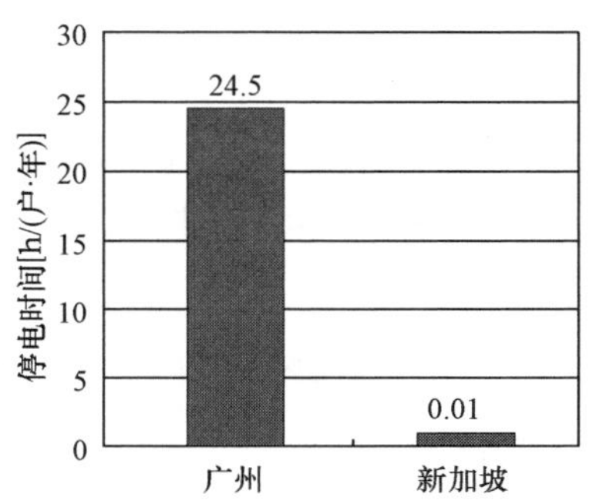

图 1-1　2006 年广州电网与新加坡新能源电网有限公司可靠性指标对比

根据统计分析，广州电网预安排停电是影响电网供电企业可靠性的最大因素，所占比率达 82.3%，而事故停电占总停电的比率仅为 1.8%。2006 年广州电网停电因素所占比率分析如图 1-2 所示。

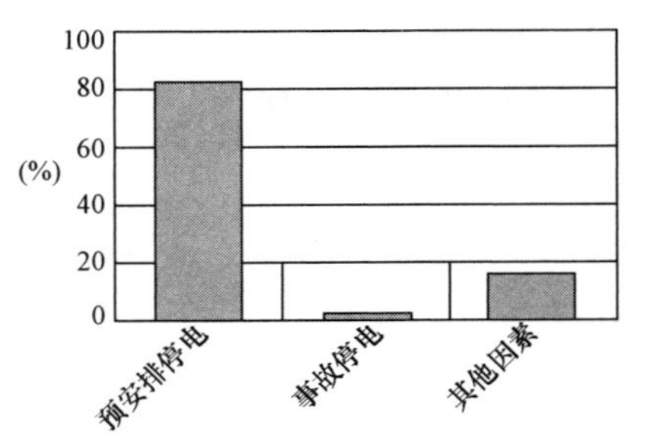

图 1-2　2006 年广州电网停电因素

与国外不同的是，由于我国电网正处在快速发展期，每年存在大量的新竣工项目投产，在相当长一段时间内，预安排停电仍是影响可靠性提升的首要因素，因此，降低电网停电次数是提高供电可靠性的最重要和有效的措施之一。

根据 2006 年的数据，停电预防性试验曾占到了广州电网总停电时间的 30%左右，因此，从图 1-2 可以看出，预安排停电对可靠性的提升产生了较大影响。

值得我们深思的是，停电预防性试验体制设计的目的是减少设备事故，从而有效提高供电可靠性，但运行情况表明，停电次数太多，反而成了影响可靠性提升的重要障碍。因此，大幅度减少停电试验的次数，大力推进监督模式、从停电试验到带电测试的转型成为了新型状态检测体系建立的重要驱动因素之一。

二、资产全生命周期管理对状态检测体系建立提出的要求

近年来资产全生命周期管理受到了我国电力行业的高度关注。早在 2003 年，国网上海市电力公司就开展了相关的探索，并提出了一套初步的考评方法。为适应资产全生命周期管理体系建设的需要，配套的状态检测体系的建立提上了日程。

电力行业除了消耗大量一次能源之外，还耗费大量的铜、铝、钢等材料，这些资源正在变得越来越稀缺，如 2008 年我国电力行业消耗的铜占全国总耗量的近 43%，消耗的电解铝占全国总耗量的 14%。因此，电网企业的发展形成资源节约型、环境友好型模式已刻不容缓。

但是，改革开放以来，我国电力行业一直执行的是粗况式的发展和管理模

式，能源利用效率低下。例如，我国的能源强度（单位 GDP 能耗）是美国的2.4 倍，是日本、欧洲等发达国家的 4～6 倍，是世界平均水平的 1.9 倍，无疑，这种模式是不可持续的；又如，很多供电企业相当一部分设备更换、报废缺乏详细的数据支持，具有很大的随意性和盲目性，造成了大量设备提前报废。当系统出现某类设备事故或发现某类运行缺陷后，为确保安全运行，常常对同批次设备进行更换，造成大量合格设备提前退出运行，导致了资产的浪费。据保守测算，目前我国电力系统大修改造费用中，相当一部分花在无意义的设备更换上，付出的成本代价较大；再如，虽然我国电力行业严格执行了定期停电预防性试验制度，但变压器类设备的平均寿命也就在 20 年左右，而国际上先进供电企业虽然很少开展停电预防性试验，但其主设备一般可以达到 40 年左右的运行寿命。显然，我国电网企业的设备管理模式不符合低碳经济与绿色电网的发展要求。

长期以来，我国电力系统在节能降耗上一直存在一个误区，一直将降低线损作为企业经济运行的重要指标，但在设备更换上所花的费用与降低线损的收益可能不相上下，例如，假设某大型电力公司一年的大修改造费用在 20 亿元左右，如按 20%～30%的节约成本计算，每年大约有 4 亿～6 亿元人民币，这笔费用与线损降低一个百分点几乎相当。随着设备制造水平的提高，停电预防性试验项目发现的缺陷已日趋减少，出现了缺陷形式发生新的变化与状态检测技术手段相对滞后的矛盾，新的形势要求高压设备的现场状态诊断技术必须与制造、维护水平的发展同步。

因此，为了适应资产全生命周期管理体系的建设需要，进一步提升一次设备的健康水平，有必要逐步建立一套新型的设备检测体系。通过先进的状态检测技术，实现高压设备运行状态的有效测量，实现对老旧设备寿命的准确评估，科学合理地指导设备更换，在不带来大的电网风险情况下，尽可能延长设备服役年限，为资产全生命周期管理打下基础。

三、数字、智能电网的建设对状态检测体系建立提出的要求

2000 年，清华大学卢强院士首先提出了数字电力系统的概念并给出了具体

定义："以全局模型形式对实际运行电网的真实特性数字地、准确地、实时地再现"，并进一步指出了数字电力系统建设包含数字化阶段和智能化阶段两个步骤来实施的设想，首先提出了数字、智能电网的雏形。

近年来，智能电网的兴起与建设已成为电力系统热点研究问题。西方发达国家由于适应大规模工业发展的输电技术已经完成，因此，智能电网建设的侧重点在配电网和可再生能源、分布式能源接入技术方面。而我国正处在大规模输电技术发展时期，特高压建设和远距离西电东送初具规模，系统安全稳定运行面临的压力较大，加上长期以来一直采取的是粗况式的增长模式，资产利用效率有较大提升空间，因此，输变电系统智能化不可避免地将成为我国智能电网建设的一个重要部分。通过智能输电网建设，一方面可以提高系统灾变防治能力，降低安全风险；另一方面可以显著提升系统经济运行指标和节能降耗水平，有力地促进"低碳经济"实现 。

对于电网输变电系统的智能化建设而言，其核心是变电站一次设备和输电线路的数字化、智能化。其中，一次设备的数字化主要围绕信息的"获取、传输和使用的数字化"这个目标来进行，为此，需要建立面向电网设备的数据采集系统，它是数字化建设的基础；一次设备智能化则是指设备功能，强调智能监测与诊断、数据分析和自动执行。在数字化条件下可以实现信息的共享和融合，提供更加全面的监测信息，所以数字化为智能化的实现提供了更加有效的手段和基础。

实现设备管理的数字化、智能化是一项复杂而艰巨的系统工程，其核心的本质和基础则离不开新型量测体系或检测体系的建立。只有通过新型检测体系的建立，才能实现设备管理数据高度融合与共享，为智能电网建设打下基础，进而逐步实现各种高级应用功能，达到设备管理智能化的目的。由于以停电试验为主的传统预防性试验体系中设备的检测（采样）间隔周期太长，其健康状态的特征数据更新频度已不适应智能电网的建设需要，因此，逐步建立一整套适应数字、智能电网需要的设备状态检测体系提到了日程。

第四节　状态检测体系的概念与内涵

近年来，随着状态评估、状态检修工作的开展，特别是随着智能电网概念的提出，状态检测得到了国内外电力行业的高度重视，尤其是输变电设备智能化已成为我国智能电网建设的重要领域，对状态检测体系建设又赋予了其新的内涵，迎来了一个新的发展时期。

通过多年发展，我国电网企业设备管理模式正在逐步从以停电试验为主的传统工作模式向以带电（在线）检测为主的新型检测体系转型。一批先进的带电（在线）诊断技术在国内应用已达较大规模，通过大量先进检测技术的应用，部分电网企业普遍放宽了停电预防性试验周期，有效提升了生产效率。

本书所指的状态检测体系是指将各类带电（在线）检测技术、计算机技术、信息技术、通信技术融合到传统预防性试验体制中，通过建立配套的管理体系，推进传统的预防性试验模式转型升级，逐步实现一次设备状态参量数据采集、传输、使用的数字化及数据信息的交互与共享，直至建立一套完整的基于可靠性、有效性、经济性等多目标趋优的新型设备量测体系，逐步满足智能电网对设备状态可观性、可控性、数字化、信息化的基本要求。

电网设备新型状态检测体系应能满足未来电网发展乃至今后数字、智能电网建设的需要。通过挖掘其内涵，可以赋予新型检测体系以下基本特征：

（1）具备多目标趋优的特征。检测体系应逐步实现从以往仅仅注重设备安全“单一目标”的管理模式到“基于可靠性、经济性、有效性等多目标趋优”管理模式的转变。其中，可靠性要求新的管理模式占用的计划停电时间应尽可能少，设备监督效果好，设备故障导致的电网事故概率尽可能低；经济性要求新的管理模式投入成本要低、生产效率要高；有效性要求新的体制现场可操作，能够有效发现设备潜在的缺陷。

（2）是基于系统安全为主体的量测体系。设备安全是系统安全的一个环节。传统预防性试验管理模式对设备安全关注较多而对系统安全的情况关注不够，没有把设备放在整个系统中进行考虑，新型状态检测体系将实现从关注“设备安全”到关注“系统安全”的转变，根据“系统安全”的原则来优化、配置资源。

（3）是基于资产全生命周期综合绩效最优的量测体系。它要求新的检测体系改变过去“条块式”、“分段式”的管理格局，通过检修优化，建立一套涵盖事前、事中、事后各个环节，闭环的，基于资产全生命周期综合绩效最优的量测体系。其中，事前监督要求通过参与设备的优化设计、选型，把好入网设备监造、器材检验、交接验收等技术监督关口，确保入网质量，尽可能使运行设备免于维护；事中监督要求逐步建立一套以带电（在线）检测为主，结合必要的停电维护、故障诊断、老化评估试验于一体的监督模式，实现安全、效能、风险综合最优；事后监督要求通过开展设备事故的原因调查与分析，将信息闭环反馈到资产管理各个环节，实现检测体系的持续优化与改进。

（4）具备“差异化”的运维特征。传统的预防性试验体制周期过于单一，“差异化”周期开展不够，如：1%的大用户占到了65%的供电量，但对不同用户设备，供电企业执行的预防性试验周期、投入人力和物力是相同的，使最重要的用户得不到最好的服务。新型状态检测模式中，设备“差异化”运维是其必备的一个重要特征，电网企业的运维模式将逐步从传统的“单一”试验周期管理模式向“差异化”试验周期转变。

（5）是以用户为中心的量测体系。传统预防性试验体制注重主网设备技术监督，对配网设备的监督重视不够。很多供电企业从来没有对配网设备开展过预防性试验，虽然有相关管理要求，但始终积极性不高。企业没有根据用户的实际需要制订维护策略和检测模式。从深层次角度思考，①缺乏可操作性的配网设备状态检测工作体系；②“以用户为中心”的思想尚未深入人心，没有根据用户的需求制定配网设备运维策略。

（6）是以设备数字化、智能化管理为目标的量测体系。为实现一次设备的数字化、智能化管理，需要通过新型量测体系的建立实现设备状态参量获取、传输、使用数字化。通过统一状态信息数据模型，建立统一的数据通信平台，实现设备状态信息的高度共享与融合，达到对设备状态进行数字化监测、分析与评估的目的，为设备运行管理、检修、风险预警等高级应用提供辅助决策，从而进一步实现对设备检修、维护、更换的数字化、智能化管理。设备的各种状态信息能够通过可视化界面直观地提交给各类设备管理系统或调度控制系统，便于决策层直观地掌握设备的关键运行状态。

第二章

状态检测体系建立的目标、方法和任务

如何建立一套可以大规模推广的电网设备状态检测工作模式国内尚在进一步探索之中。电力行业近年大力推进状态检测及状态检修工作，并编制颁布了 DL/T 393—2010《输变电设备状态检修试验规程》，但由于覆盖面广，该规程仍难以同时兼顾到发达地区与不发达地区电网企业的不同需求。南方电网公司部分供电企业在利用带电测试技术延长停电预防性试验周期方面做了一些积极探索，并通过 Q/CSG 114002—2011《南方电网电力设备预防性试验规程》修编，将部分设备停电预防性试验周期延长到 6 年，但执行过程中仍有不同理解，存在不少问题，需要进一步研究可行的提升方案。

目前，我国电网企业设备运维模式正处于转型升级阶段，数字、智能电网建设的试点工程也已启动，现场迫切需要一个更具体、更具操作性的新型状态检测体系建设实施方案，以规范和指导相关工作开展。

本章将系统分析停电预防性试验项目的有效性，阐述传统预防性试验体制存在的问题，介绍目前国内外先进状态检测技术的应用现状，总结我国电网设备预防性试验管理模式转变的主要领域或发展方向，初步提出适合我国国情、满足电网设备状态检修及风险评估要求、符合未来电网建设需要的状态检测体系的目标、方法和阶段任务。

第一节　常规停电预防性试验项目的有效性评估与研究

一、评估思路与方法

在停电预防性试验项目的有效性评估方面，国内电网企业开展了众多研究，如原广东省广电集团公司在 2003 年组织进行了一次停电预防性试验项目有效性评价的调查。对 5 年左右的各类设备试验分别统计了试验项目、执行周期、试验台次，缺陷检出率、试验结果、缺陷情况，以及该缺陷可否用其他试验手段代替等，例如，变压器直流电阻可否用油色谱试验代替，断路器接触电阻可否用红外热成像检测代替等。同时对 5 年左右的 110kV 及以上氧化锌避雷器带电试验情况进行了调查，包括全电流及阻性电流带电测试、红外热成像检测等，不同电压等级设备试验数据大致范围、测量影响因素及结果波动情况、试验结果判断的依据等都列入了调查范围。

由于当时我国电网企业基层运行单位普遍对原始数据的积累重视不够，因此虽然开展了相关调查与研究，但由于缺乏有效数据支持，实际上没有得出多少实质性结论。近 10 年来，新增设备规模大幅度增长，与生产一线试验人员几乎零增长的矛盾进一步突出，随着社会对供电可靠性要求的提高，带电测试、在线监测技术不断进步，为减少定期停电时间，提高设备可用率，很多电网企业，（如广东省电网公司、浙江省电网公司、广州供电局有限公司等单位）都进行了专项研究并取得了一定进展。与以往研究不同的是，运行企业普遍注意加强了原始数据的管理与积累，为开展研究打下了基础。

为了推进电网设备监督模式的转变，广州供电局有限公司在该领域开展了专项研究与实践，具体内容包括以下方面：

（1）通过多年设备缺陷的统计与分析来评价常规预防性试验项目的有效性。系统收集整理了 2001～2010 年广州电网、2002～2010 年广东省电网公司设备停电预防性试验发现的缺陷。通过分类统计与分析，对预防性试验项目的有效性进行了系统评价。

（2）通过电网设备事故的统计与分析来评价停电试验项目的有效性。系统收集、整理了20年左右电网关键设备事故、障碍情况。通过事故分析，反思并针对性的评估停电试验项目的有效性，有利于试验项目的改进。统计分析表明，相当一部分导致绝缘事故的潜在缺陷难以通过常规停电试验项目，如局部放电引起的套管爆炸等，为针对性引进检测技术提供了思路。

（3）通过对带电（在线）检测技术的有效性评估来分析研究是否可以通过这些技术替代常规停电预防性试验项目或达到延长停电预防性试验周期的目的。研究表明，带电测试技术经过多年发展，已变得日趋成熟。国内外电网公司通过带电测试发现了大量设备缺陷，如新加坡新能源电网有限公司、广州供电局有限公司、国网上海市电力公司带电测试发现的缺陷占预防性试验发现总缺陷的大多数。上述企业普遍根据带电测试的开展情况执行了弹性的停电试验周期，提高了检测的针对性，提升了生产效率。由于带电检测频度明显高于常规的预防性试验周期，因而提高了检测的有效性。

（4）通过国际对标，以有效的技术及管理创新来推进试验模式的转型。本着充分论证、大胆试点的原则，广州电网开展了大量探索工作，利用带电测试技术延长停电预防性试验周期，或替代停电预防性试验等多方面走在了国内的前列，为电网设备的状态检测及状态检修体系建设创造了较多的实践案例。下面以广州或广东电网的统计数据为例，对常规停电试验项目的有效性做述评。

二、高压设备常规停电预防性试验项目的有效性述评

（一）断路器设备

2001～2010年广州电网高压断路器设备预防性试验发现缺陷见表2-1。

表2-1　2001～2010年广州电网高压断路器设备预防性试验发现缺陷统计表

缺陷类型、数量	电压（kV）	2001年（起）	2002年（起）	2003年（起）	2004年（起）	2005年（起）	2006年（起）	2007年（起）	2008年（起）	2009年（起）	2010年（起）	总数（起）	占同期总缺陷比率
SF_6断路器气体泄漏	10～35	0	0	0	0	1	1	0	0	0	0	2	10.03%
	110～220	1	2	2	0	4	3	10	3	7	1	33	
	500	0	0	0	0	1	1	0	0	0	0	2	

续表

缺陷类型、数量	电压（kV）	2001 年（起）	2002 年（起）	2003 年（起）	2004 年（起）	2005 年（起）	2006 年（起）	2007 年（起）	2008 年（起）	2009 年（起）	2010 年（起）	总数（起）	占同期总缺陷比率
SF_6断路器微水超标	10～35	4	2	4	0	1	0	0	0	0	0	11	17.89%
	110～220	4	9	10	7	3	5	16	0	0	1	55	
	500	0	0	0	0	0	0	0	0	0	0	0	
断路器接触电阻偏大	10～35	12	0	4	0	1	0	1	1	0	1	20	11.65%
	110～220	7	3	4	2	0	6	1	0	0	0	23	
	500	0	0	0	0	0	0	0	0	0	0	0	
均压电容介质损耗超标	110～220	6	2	3	4	1	3	3	0	0	0	22	5.96%
	500	0	0	0	0	0	0	0	0	0	0	0	
压力表缺陷	10～35	0	0	0	1	5	6	27	10	3	6	58	18.43%
	110～220	2	0	1	2	1	4	0	0	0	0	10	
	500	0	0	0	0	0	0	0	0	0	0	0	
断路器接头过热缺陷	10～35	20	10	0	0	0	0	2	0	0	0	32	26.02%
	110～220	0	5	2	2	2	2	5	0	3	41	62	
	500	0	0	0	0	0	0	1	0	0	1	2	
绝缘低或击穿	10～35	0	0	7	1	3	1	10	4	4	7	37	10.03%
	110～220	0	0	0	0	0	0	0	0	0	0	0	
	500	0	0	0	0	0	0	0	0	0	0	0	

可以看到：

（1）断路器本体的绝缘电阻试验中，110kV 及以上断路器连续 10 年停电预防性试验绝缘缺陷的检出率为零，而 10～35kV 断路器绝缘低、耐压击穿两类预防性试验项目的缺陷检出率占到了断路器同期总缺陷的 10%左右。这说明，断路器的绝缘缺陷主要集中在 10～35kV 的电压等级。

在 10kV 断路器柜是否需要继续保留停电耐压试验问题上，国内外供电企业的普遍做法是取消定期停电耐压试验。其中，国家电网公司已在其编写的 DL/T 393—2010《输变电设备状态检修试验规程》中取消了耐压试验，改为诊断性试验项目。而广州电网早在 2008 年就通过引进带电局部放电测试技术取消了断路器定期停电耐压试验（见第五章），通过 5 年多运行情况看，没有发生 1

起运行中 10kV 断路器的绝缘事故。

（2）通过带电测试可以较灵敏发现的缺陷（微水超标、接头过热）约占同期总缺陷的 44%，加上不是定期预防性试验项目发现的缺陷（气体泄漏、压力表缺陷）总计为 72.7%。

SF_6 断路器微水超标目前已经实现带电测试，缺陷可以通过带电测试发现。断路器外接头过热的缺陷则可以通过红外检测发现，效果十分灵敏。国内电力企业通过微水带电测试、红外检测已发现大量潜在缺陷，如广州电网近 10 年通过 SF_6 微水带电测试先后发现过 4 起缺陷，通过红外检测发现过 50 余起过热缺陷等。

SF_6 气体泄漏试验项目不是预防性试验规程规定的必做项目，同时可以尝试通过带电测试手段（如我国引入的 urtal 9000 超声波检漏仪器、激光检漏设备等）和微水带电测试一起进行检查；断路器压力表的缺陷基本都是技改或运行过程中发现的缺陷，不是定期停电试验项目，这些缺陷可以考虑结合设备维护进行检测，因此，大多数运行断路器的缺陷通过带电测试都能发现。

（3）110KV 及以上断路器均压电容介质损耗超标缺陷约占同期总缺陷的 6%，但不难看出这部分缺陷全部集中在 220kV 及以下电压等级，且基本为 2007 年以前发现的，2008 年以后随着断路器改造的力度加大（大量 220kV 断路器已无需安装均压电容），已没有发现过类似缺陷。

广东省电网公司曾对 6766 相均压电容停电预防性试验结果进行统计，结果检出缺陷 32 相，缺陷检出率 0.47%，处在较低水平，结合广东电网近 20 年运行经验，几乎未发生过因 110kV 及以上断路器均压电容介质损耗超标而引发的事故。而广州电网则已连续 30 年未发生均压电容爆炸引起的事故（早期的爆炸均由电磁式电压互感器与电容谐振引起，随着电磁式向电容式的改进，这种可能已基本消除）。对均压电容介质损耗超标的缺陷，红外检测是一种比较有效的检测手段，由于现在红外检测设备普遍配到了巡检中心，检测密度很高，因此均压电容介质损耗超标缺陷也具备了带电发现的条件。可以考虑在将均压电容介质损耗与电容量试验项目改为结合断路器维护、综合停电时进行检测，而在日常停电试验项目中取消该项试验。实际上，国网北京市电力公司、新加坡新能源电网有限公司均已取消该项目停电试验，因此，在适当增加红外热成像检测频度的基础上，这部分缺陷可以通过带电测试予以发现。

（4）断路器接触电阻偏大缺陷占 11.65%，且全部集中在 220kV 及以下电压等级。广东电网 2003～2010 年停电试验缺陷统计表明，接触电阻偏大的缺陷检出率约为 1.09%（含广州电网数据）。

现场实践表明，该缺陷难以通过带电测试发现。由于目 SF_6 断路器很难在现场进行灭弧室缺陷处理，因此该类缺陷即便发现也要等到检修时进行处理，因此，可以考虑在正常的预防性试验时不进行该项目，而将这一项目改为结合检修维护时进行，如结合机构检修或综合停电进行等，这样处理后，断路器的缺陷基本可以通过带电测试发现。事实上，新加坡新能源电网有限公司和国网上海市电力公司都是采用这种模式，而且国网上海市电力公司还将检修规程与预防性试验规程合二为一，在制度上确保了上述方案的执行，实践证明，这样做更有利于实现状态检修。

运行经验表明，接触电阻偏大缺陷引起事故的概率很低。结合广东电网近 20 年运行经验看，几乎未发生过 110kV 及以上高压断路器接触电阻超标引发的事故，事故率可以接受。实际上，国内电力企业普遍将接触电阻的测试周期定为 3 年，而多数厂家要求的测试周期为 6～8 年或操作 2500 次以后进行测试，可见两者之间有较大的差距。

通过断路器的缺陷检出情况及事故障碍情况，也可间接对其停电试验项目的有效性进行评估。通过对 2003～2010 年广东电网公司断路器的停电预防性试验缺陷检出率、断路器障碍、事故情况进行统计，得出的数据如下（具体数据未列出）：

断路器设备停电试验缺陷检出率为 2.76%。35kV 断路器故障、事故率为 0.118%，110kV 断路器故障、事故率为 0.096%，220kV 断路器故障、事故率为 0.227%，500kV 断路器故障、事故率为 0.596%。可以看出，断路器的缺陷检出率、故障及事故率是非常低的。而近 20 年来，广州电网先后发生了 4 起 110kV 及以上断路器绝缘事故，分别为 110、220kV 各两台断路器雷击爆炸，事故根源全部在多重雷击引发爆炸，此外未发生运行中任何断路器绝缘事故，因此运行可靠性比较高。

表 2-2 是 2005～2007 年广东电网断路器运行中发现的缺陷原因分类统计数据。

表 2-2　　2005～2007 年广东电网公司断路器运行缺陷原因统计表

缺陷类别	本体缺陷	漏气	气压机构缺陷	弹簧机构缺陷	液压机构缺陷	试验检出缺陷	其他缺陷
所占比率	6.3%	34.3%	9.7%	4.53%	29.5%	3.33%	12.2%

从表 2-2 可以看出，试验真正检测出的缺陷仅占 3.33%，这其中还包括带电测试检出缺陷，因此，停电试验检出的缺陷会更低。因此，对于断路器的状态检测而言，应把重点放在非停电试验项目、非电量检测项目及其相关技术的开发上。

综上所述，在将断路器的部分停电试验项目改为结合检修维护或例行检查时进行后，SF_6 断路器的巡检或例行试验项目基本可以用带电测试方式进行。采取这种模式后，最大的好处是减少了大量设备停电，促进了可靠性提高，大幅度减少了操作次数，既减少了误操作，确保了安全，又提高了生产效率。事实上，新加坡新能源电网有限公司除了开展我国的带电测试项目外，还开展了超声波带电检漏和局部放电带电检测，周期均为 6 个月。因此，我国可以考虑在做好断路器维护的基础上，加强带电检测而逐步取消定期的停电试验项目。

世界各国的运行统计表明，断路器的绝大多数缺陷（约 70%～80%）集中在机构上，因此，切实做好断路器的维护，将试验项目重点放在机构检测上是做好断路器状态评价的最重要措施之一。

（二）变压器

2001～2010 年广州电网主变压器设备缺陷统计见表 2-3。

表 2-3　　2001～2010 年广州电网主变压器设备缺陷统计分析表

缺陷类型	电压（kV）	2001 年（起）	2002 年（起）	2003 年（起）	2004 年（起）	2005 年（起）	2006 年（起）	2007 年（起）	2008 年（起）	2009 年（起）	2010 年（起）	总数（起）	占同期总缺陷比率
套管介质损耗或电容量超标（含穿墙套管）	10～35	0	0	2	0	0	0	0	0	1	0	3	2.80%
	110～220	0	0	2	2	0	2	0	2	0	5	13	
	500	0	0	0	0	0	0	0	0	0	0	0	

续表

缺陷类型	电压（kV）	2001年（起）	2002年（起）	2003年（起）	2004年（起）	2005年（起）	2006年（起）	2007年（起）	2008年（起）	2009年（起）	2010年（起）	总数（起）	占同期总缺陷比率
本体绝缘油异常（含有载开关）	10～35	0	0	0	0	0	0	0	0	0	0	0	43.43%
	110～220	15	21	30	14	23	30	17	17	32	18	217	
	500	1	1	2	2	3	4	4	8	3	3	31	
套管过热缺陷	10～35	3	1	3	2	0	2	0	1	0	0	12	23.29%
	110～220	8	15	2	7	8	19	9	10	20	21	119	
	500	0	0	0	0	0	0	0	1	0	1	2	
套管油分析异常	10～35	0	0	0	0	0	0	0	0	0	0	0	1.75%
	110～220	1	3	0	2	4	0	0	0	0	0	10	
	500	0	0	0	0	0	0	0	0	0	0	0	
铁芯或轭铁绝缘低	10～35	0	0	0	0	1	3	3	2	3	2	14	5.08%
	110～220	0	0	5	1	0	1	4	1	2	1	15	
	500	0	0	0	0	0	0	0	0	0	0	0	
绕组直流电阻超标	10～35	0	0	0	1	1	0	0	1	0	2	5	4.38%
	110～220	0	0	0	0	2	0	6	4	2	6	20	
	500	0	0	0	0	0	0	0	0	0	0	0	
本体介质损耗超标	10～35	0	0	0	0	0	0	0	0	0	0	0	0.18%
	110～220	0	0	1	0	0	0	0	0	0	0	1	
	500	0	0	0	0	0	0	0	0	0	0	0	
温度表不合格	10～35	0	1	0	0	0	0	0	0	0	0	1	17.34%
	110～220	3	13	12	0	4	16	12	8	14	14	96	
	500	0	0	0	0	0	0	0	0	2	0	2	
耐压击穿	10～35	0	0	1	0	0	0	0	0	1	0	2	0.35%
绕组绝缘电阻低	10～35	0	0	0	0	1	0	1	0	0	0	2	1.40%
	110～220	0	1	0	0	0	1	0	4	0	0	6	
	500	0	0	0	0	0	0	0	0	0	0	0	

（1）停电预防性试验缺陷的统计分析。绝大多数缺陷为绝缘油异常、套管过热（含接头过热）、温度表不合格三项，分别占同期缺陷的43.43%、23.3%、17.34%，总计为84.1%（广东电网公司2003～2010年统计数据类似）。

其中，绝缘油异常（包括色谱、简化和微水等试验项目，不含糠醛、颗粒度等特殊性试验项目）、套管过热缺陷属于不停电即可以检测发现的缺陷。温度表缺陷实际上属于附件缺陷，不属于主设备缺陷，可以采取三种模式进行处理：①结合其他专业综合停电机会进行校验，如同二次回路校验、瓦斯继电器校验、压力释放阀校验等附件一块进行；②采取香港中华电力公司的模式，结合综合停电机会批量更换；③采用温度表远方监测模式（前两种模式均无需专门停电，第三种模式可以带电校验）。

套管油分析异常缺陷占同期主变压器总缺陷的 1.75%，主要为早期设备缺陷，现在套管的例行预防性试验项目一般不要求进行油试验，已列为诊断类试验项目。目前多数厂家都明确要求套管不进行油试，因为取油后易破坏真空，补油困难。因此，从确保设备安全的角度考虑，该项目不宜作为常规预防性试验项目。

铁芯或轭铁绝缘低缺陷约占同期主变压器总缺陷的 5.1%，由于铁芯绝缘可以通过带电测试发现，因此可以不列入停电试验检测项目。

套管介质损耗或电容量超标缺陷占同期主变压器总缺陷的 2.8%。目前套管介质损耗或电容量超标的缺陷比率较低，通过对广东电网 2003～2010 年变压器套管预防性试验的数据统计表明，套管预防性试验检出的介质损耗或电容量超标概率在 0.36%左右，即对 1000 支套管进行检测，超标的可能有 3.6 台（广州电网 10 年来统计数据类似，其中 500kV 套管未发现介质损耗超标缺陷）。套管停电试验项目可以采取两种其他的试验方案来替代：

1）安装电容型设备同相比较法带电测试端子箱，直接进行带电测试（需要厂家结合生产机会对末屏进行改造）。这种模式的安全隐患较大，今后新订的主变压器可以考虑要求厂家进行改装，目前已有多家供电企业在开展这方面尝试；

2）采取综合停电机会进行试验，或直接将该项目划归检修人员结合维护开展试验。由于变压器其他多数项目都已经找到了好的非停电试验办法，仅剩下少数停电测试项目，这样利用综合停电或维护的机会进行试验成为可能，在例行的停电预防性试验中可以考虑取消该项试验。

实际上，目前套管介质损耗超标的案例已较少，而且红外检测对发现套管介质损耗超标也是比较有效的手段，如国家电网公司、中国南方电网有限责任公司都大幅度增加了套管红外检测频率，这也是放宽停电试验周期的一个较好补充。

变压器绕组绝缘电阻低和本体介质损耗超标约占同期主变压器总缺陷的

1.58%。本体介质损耗超标的案例已非常少见，且可以通过油介质损耗或色谱等非停电试验间接反映，如广州电网在1995～2010年仅检出了1例本体介质损耗超标案例，因此可以考虑在例行停电预防性试验中取消该试验项目，改为结合维护时检查或直接列入诊断性试验项目。2011年颁布的Q/CSG 114002—2011已正式取消了本体介质损耗试验。

综上所述，上述缺陷总计占到了主变压器同期总缺陷的95.27%，其中绝大部分项目可以通过带电测试发现或安排在结合维护时进行，且都可以通过一种非定期停电试验的模式来判别其对应的状态。

变压器的所有缺陷中，停电试验发现的绕组直流电阻超标和10kV变压器耐压击穿等缺陷占4.73%（耐压击穿占0.35%）。

直流电阻测试是变压器最重要的试验项目之一。通过广州电网变压器的试验数据分析和缺陷检出率可以看出，通过预防性试验发现的110kV及以上变压器直流电阻超标的缺陷率约为0.75%，即每做133台主变压器试验会发现1台超标案例，缺陷率处在较低水平。

对于直流电阻超标缺陷是否可以通过油色谱试验来予以替代发现的问题，国内曾有电网公司进行了相关调查和专门研究。得出的比较一致的意见是，直流电阻小幅度超标时，色谱检测不太灵敏，如通过收集整理发现了相当一批绕组直流电阻超标而色谱正常的检测案例，表2-4是其中一例。

表2-4　　一起变压器直流电阻超标案例

相别 时间	AB相（Ω）	BC相（Ω）	AC相（Ω）	误差
1994年4月5日	0.08427	0.0849	0.08265	2.68%
1994年7月12日	0.09435	0.09435	0.09017	5.6%
处理后	0.0806	0.0899	0.0899	0.8%

上述案例中，色谱多次检测正常，而直流电阻已经不正常。通过对大量直流电阻超标引起的缺陷、事故、障碍变压器色谱分析案例发现，当直流电阻超标到一定程度时，油色谱试验是比较灵敏的。如新加坡新能源电网有限公司1984～2009年共发现了24起这样的案例。

由于直流电阻小幅度超标时，缺陷发展缓慢对运行影响不大，并且还有绝缘油色谱试验、轻重瓦斯等多重检测、报警手段，该类型缺陷即便出现，也容易掌握，难以造成严重事故，所以可以考虑将绕组直流电阻试验直接划入变压器的检修性试验，利用维护的机会进行检测。

需要说明的是，表 2-3 所示的缺陷中，没有变压器绕组变形的缺陷案例，这是因为自 20 世纪 90 年代末开始广州电网加强了设备制造和运行管理，近区短路发生的情况大幅度减少，并且当时绕组变形检测技术刚刚引进，预防性试验刚开展该项检测，因此没有发现典型案例。事实上，绕组变形对变压器运行和寿命长短的影响是很大的，因此，加强维护、尽可能减少近区短路的发生概率是变压器的资产全生命周期管理的一项重要基础工作。从例行试验的角度看，由于经受短路冲击的变压器很少，可以采取差异化运维措施，对发生过短路的变压器或校核不满足抗短路能力要求的才考虑加强变形测试，而例行试验可不必作为常规项目。

表 2-5 列出了 2003～2010 年广东电网变压器停电预防性试验项目的缺陷检出率，可以看出，停电预防性试验缺陷的检出率是较低的，而恰恰是这些停电试验消耗了 90%以上的工作量。

表 2-5　　　　　变压器停电预防性试验项目缺陷检出率

试验项目	缺陷检出率（%）
绕组直流电阻	1.51
绕组绝缘电阻、吸收比或（和）极化指数	2.73
绕组 $\tan\delta$	2.65
电容型套管的 $\tan\delta$ 和电容量	0.36
铁芯绝缘电阻	1.16

（2）运行中变压器故障、事故情况统计分析。据统计，2001～2010 年，广州电网发生事故的各类变压器共 7 台，其中，3 台为雷击引起、2 台为局部放电缺陷引起套管爆炸、1 台为抗短路能力不足、一台为外力破坏。实际上，从停电预防性试验角度而言，最应关注的是 2 台局部放电缺陷扩大引起套管爆炸的案例，但这两起局部放电缺陷引起的事故是常规停电预防性试验项目所无法发现的，即使进行常规停电试验，也难以发现，很难避免套管爆炸，需要引进有

效的预防性试验项目。由此也可以看出，运行中相当一部分变压器故障与事故并不是由于试验不到位造成的。

通过对 2003～2010 年广东电网公司变压器的故障、事故情况进行统计，得出各电压等级变压器故障、事故的数据如下：35kV 变压器故障、事故率为 0.46%，110kV 变压器故障、事故率为 0.275%，220kV 变压器故障、事故率为 0.696%，500kV 变压器故障、事故率为 1.29%。可以看出，变压器的故障、事故率是比较低的。

通过对广东电网公司多年的变压器预防性试验缺陷统计分析，得出停电预防性试验项目的缺陷检出率约为 8.7%，即每试验 100 台主变压器，可能发现 8.7 台主变压器有异常，其中变压器油色谱异常台数占 3.6%，即 100 台主变压器有 3.6 台色谱数据异常。

（3）变压器运行缺陷的统计分析。通过对广东电网公司主变压器多年运行缺陷的统计，得出主要的缺陷类别如下：渗漏油缺陷占主变压器总缺陷的 33%左右，包括由于胶垫老化密封不严、材料内部组织不细密等原因导致的接头、阀门处渗漏油等。冷却器及其他附件缺陷占主变压器总缺陷的 20%左右。其他一般性缺陷约占主变压器总缺陷的 9%左右，真正属于试验检出的缺陷大约占三分之一强。

由此可见，由试验发现的运行中的变压器缺陷仅占少数，如能够结合消缺或维护等综合停电机会开展一些动态、非固定周期的停电预防性试验，则绝大多数缺陷可以通过一种非定期停电预防性试验的模式予以发现。这样不但能减少大量重复停电，而且可以有效提高生产效率。

（三）互感器

2001～2010 年广州电网电流互感器、电压互感器预防性试验缺陷统计见表 2-6、表 2-7。

（1）电流互感器。绝缘油异常缺陷占同期电流互感器总缺陷的 66.5%，电气缺陷占同期电流互感器总缺陷的 22.4%，过热缺陷占同期电流互感器总缺陷的 8.23%，SF_6 气体泄漏占同期电流互感器总缺陷的 1.05%，SF_6 气体微水超标占同期电流互感器总缺陷的 1.75%（广州电网 SF_6 互感器仅占 15%左右，因此 SF_6 互感器典型缺陷类型较少，而 SF_6 互感器使用的较多单位，相应的缺陷可能较多，以下同）。

可见，绝大多数缺陷都是绝缘油试验发现的。上述缺陷中：

电气试验发现的介质损耗及电容量超标缺陷属于油浸式互感器的典型缺陷，可以通过电容型设备带电测试来替代，如广州电网已在所有电流互感器上安装了同相比较法带电测试端子箱并通过带电测试有效发现了2起介质损耗超标缺陷；预防性试验规程和行业标准已经取消了电流互感器直流电阻测量试验项目，不要求进行定期试验且多数可以通过红外检测替代发现；110～220kV 电流互感器可以带电取油样，而 500kV 电流互感器厂家一般不要求绝缘油试验，因此，绝缘油试验发现的66.5%的电流互感器缺陷实际上也可以通过非停电方式进行检测。由此得出，电流互感器缺陷的96.9%都可以通过非停电的方式予以解决。

对于剩下的 SF_6 气体泄漏缺陷，则可以尝试通过超声波或激光带电检漏设备去发现（检漏项目不是常规例行试验项目）；而对于 SF_6 气体微水超标缺陷可通过带电测试或结合综合停电两种方式进行处理。因此，电流互感器的多数缺陷基本具备不停电检测条件，对于那些基本采用油纸绝缘电流互感器的运行单位而言，更有利于采取非停电试验方式进行预防性试验。

运行经验表明，电流互感器的事故、缺陷率近年比较高，所以化学试验还需保留，可以考虑推广带电取油技术。由于电流互感器介质损耗停电试验发现的缺陷率较低，而采用同相比较法测量介质损耗的技术已经相对成熟，因此已经具备了推广容性设备带电测试的条件，所以在推广介质损耗带电测试以后，将电气停电试验周期放宽基本可行，缺陷检测的有效性不会降低。

（2）电压互感器。广州电网电压互感器的缺陷中，10kV 设备缺陷占 59%，110kV 及以上占 40.3%［其中化学和红外检测缺陷占总缺陷的 32.1%，而电气缺陷仅占2.2%左右，10年的电气停电试验只发现了2起110～220kV 电容式电压互感器（CVT）缺陷］。

通过对统计得到的互感器预防性试验缺陷分析，可以算出平均缺陷检出率，电流互感器为1.48%，电压互感器为1.8%，上述缺陷检出率与表2-6、2-7中各项目发现缺陷的比率相乘，就可以得出每一类试验项目大致发现缺陷的比率，由此可以看出，各项目缺陷的检出率都非常低。

表 2-6　2001～2010 年广州电网电流互感器预防性试验缺陷统计分析表

缺陷类型	电压（kV）	2001 年（起）	2002 年（起）	2003 年（起）	2004 年（起）	2005 年（起）	2006 年（起）	2007 年（起）	2008 年（起）	2009 年（起）	2010 年（起）	总数（起）	占同期总缺陷比率
绝缘油分析异常	10～35	8	2	6	4	0	3	17	2	0	4	46	66.55%
	110～220	47	46	45	19	8	43	20	29	19	42	318	
	500	0	0	0	0	0	0	0	16	0	0	16	
电流互感器直流电阻大	10～35	0	0	0	0	0	1	0	0	0	0	1	15.76%
	110～220	11	1	11	6	4	7	6	11	11	15	83	
	500	6	0	0	0	0	0	0	0	0	0	6	
末屏绝缘电阻低	10～35	1	0	0	0	0	0	0	0	0	0	1	0.88%
	110～220	3	0	0	0	1	0	0	0	0	0	4	
	500	0	0	0	0	0	0	0	0	0	0	0	
本体介质损耗或电容量超标	10～35	0	0	6	3	0	0	1	1	1	0	12	4.55%
	110～220	1	0	3	2	1	1	1	1	1	3	14	
	500	0	0	0	0	0	0	0	0	0	0	0	
本体绝缘偏低或击穿	10～35	0	0	0	0	0	0	3	1	1	0	5	1.23%
	110～220	1	0	0	0	0	0	0	1	0	0	2	
	500	0	0	0	0	0	0	0	0	0	0	0	
SF_6气体泄漏	10～35	0	0	0	0	0	0	0	0	0	0	0	1.05%
	110～220	0	0	0	0	0	3	1	0	0	2	6	
	500	0	0	0	0	0	0	0	0	0	0	0	
SF_6气体微水超标	10～35	0	0	0	0	0	0	0	0	0	0	0	1.75%
	110～220	0	0	0	1	0	1	0	0	0	1	3	
	500	0	0	0	0	2	1	3	1	0	0	7	
红外过热缺陷	10～35	2	2	0	0	0	1	0	1	0	1	7	8.23%
	110～220	3	2	1	0	1	8	5	1	9	9	39	
	500	0	0	0	0	0	0	1	0	0	0	1	

表 2-7　2001～2010 年广州电网电压互感器预防性试验缺陷统计分析表

缺陷类型	电压（kV）	2001 年（起）	2002 年（起）	2003 年（起）	2004 年（起）	2005 年（起）	2006 年（起）	2007 年（起）	2008 年（起）	2009 年（起）	2010 年（起）	总数（起）	占同期总缺陷比率
绝缘油分析异常	10～35	0	0	0	0	0	1	0	0	10	3	14	32.09%
	110～220	5	3	5	1	0	2	4	1	0	8	29	
	500	0	0	0	0	0	0	0	0	0	0	0	

续表

缺陷类型	电压（kV）	2001年（起）	2002年（起）	2003年（起）	2004年（起）	2005年（起）	2006年（起）	2007年（起）	2008年（起）	2009年（起）	2010年（起）	总数（起）	占同期总缺陷比率
SF_6气体泄漏	10～35	0	0	0	0	0	0	0	0	0	0	0	2.24%
	110～220	0	0	0	0	1	0	0	0	0	2	3	
	500	0	0	0	0	0	0	0	0	0	0	0	
SF_6气体微水超标	10～35	0	0	0	0	0	0	0	0	0	1	1	13.43%
	110～220	8	0	0	1	3	1	1	0	0	3	17	
	500	0	0	0	0	0	0	0	0	0	0	0	
红外过热缺陷	10～35	0	0	0	0	2	0	0	0	0	2	4	4.48%
	110～220	0	0	1	0	0	0	0	1	0	0	2	
	500	0	0	0	0	0	0	0	0	0	0	0	
绝缘低或击穿	10～35	8	2	9	2	2	8	4	1	0	3	39	29.10%
直流电阻不合格	10～35	4	0	0	0	0	1	2	0	0	0	7	5.22%
	110～220	0	0	0	0	0	0	0	0	0	0	0	
	500	0	0	0	0	0	0	0	0	0	0	0	
本体介质损耗或电容量超标	10～35	0	0	5	0	0	1	0	0	2	0	8	8.21%
	110～220	0	0	0	1	0	0	0	0	1	0	2	
	500	0	0	0	0	0	0	0	0	0	1	1	
盘表缺陷	10～35	1	0	3	1	0	2	0	0	0	0	7	5.22%

（3）故障、事故率。通过对2003～2010年广东电网公司互感器的故障、障碍情况进行统计，得出的各电压等级互感器运行事故、障碍的数据如表2-8所示。

表2-8　　　　互感器运行事故、障碍统计

故障率 \ 电压等级	35kV	110kV	220kV	500kV
电流互感器故障率	—	0.0081%	0.024%	0.062%
电压互感器故障率	0.052%	0.038%	0.0375%	0.169%

可以看出，无论是电流互感器，还是电压互感器，其故障、事故率都是较低的。

需要说明的是，2001～2010年，广州电网油浸式电流互感器发生过3起绝缘事故，其中，1起为雷击引起，1起为局部放电缺陷扩大引起，1起为外力破坏引起，可见，这些事故、障碍基本不能通过常规停电试验项目发现。

因此，110～220kV 电流互感器可以采用以带电测试为主的监督方式，通过带电测试适当延长停电试验周期，同时积极探索带电局部放电检测的可行性；而对于 500kV 电流互感器，则可考虑适当结合综合停电进行试验。电压互感器则简单得多，该类设备无论是停电试验的缺陷检出率，还是事故、缺陷率都很低，因此，基本具备了延长停电预防性试验周期，或通过不停电方式进行试验的条件。

（四）氧化锌避雷器

2001～2010 年广州电网氧化锌避雷器预防性试验缺陷统计见表 2-9。

表 2-9　2001～2010 年广州电网氧化锌避雷器预防性试验缺陷统计分析表

缺陷类型	电压（kV）	2001 年（起）	2002 年（起）	2003 年（起）	2004 年（起）	2005 年（起）	2006 年（起）	2007 年（起）	2008 年（起）	2009 年（起）	2010 年（起）	总数（起）	占同期总缺陷比率
底座绝缘低	—	16	14	34	9	13	9	3	1	8	2	109	32.63%
计数器缺陷	—	11	3	19	12	9	18	7	34	24	22	159	47.60%
本体或接头过热缺陷	10～35	0	0	0	1	0	0	0	0	1	2	4	2.40%
	110～220	1	0	0	0	0	2	0	0	0	1	4	
	500	0	0	0	0	0	0	0	0	0	0	0	
运行爆炸	10～35	0	0	0	1	0	0	0	0	0	0	1	0.90%
	110～220	0	0	0	0	0	0	0	0	0	0	0	
	500	0	0	0	0	0	1	1	0	0	0	2	
泄漏电流偏大或参考电压超标	10～35	2	1	3	1	6	4	4	19	7	8	55	16.47%
	110～220	0	0	0	0	0	0	0	0	0	0	0	
	500	0	0	0	0	0	0	0	0	0	0	0	

（1）预防性试验缺陷统计分析。氧化锌避雷器预防性试验发现缺陷有两个特点，①计数器和底座绝缘低缺陷占总缺陷的 80.2%，而其余缺陷仅占 19.8%（本体或接头过热缺陷为 2.4%、运行爆炸为 0.9%、泄漏电流偏大或参考电压超标为 16.5%）；②110kV 及以上避雷器，除 4 起接头过热外，本体未发现任何绝缘缺陷，这一方面说明避雷器的主要问题存在于附件和 10～35kV 系统，另一方面说明 110kV 及以上避雷器的质量有了大幅度提高。

由于氧化锌避雷器质量明显改善，带电测试和红外检测技术已是国内外公认最成熟的带电测试技术之一，所以 110kV 及以上氧化锌避雷器停电试验具备了进一步延长周期的条件。对于氧化锌避雷器的底座，则应逐步进行改造或要求厂家予以新的设计，因为底座绝缘关系到带电测试准确性。

实际上，由于拆线困难，广州电网 500kV 氧化锌避雷器已经连续 22 年通过带电测试取代停电试验，而 110～220kV 氧化锌避雷器则连续 10 年停电试验未发现任何泄漏电流或参考电压超标缺陷。目前，国内多家电网公司均将避雷器停电试验周期延长到 6 年，而佛山供电局则在 2004 年就取消了定期停电试验。

需要说明的是，10 年间，广州电网 500kV 氧化锌避雷器发生过两起因雷击而引发的热击穿事故，这是常规试验方法所不易发现的。

（2）事故、障碍统计分析。通过对 2003～2010 年广东电网公司避雷器的故障、事故情况进行统计，得出的各电压等级避雷器故障、事故的数据如表 2-10 所示。

表 2-10　　各电压等级避雷器平均故障率

电压等级 故障率	35kV	110kV	220kV	500kV
故障率	0.0012%	0.0033%	0.0022%	0.11%

也就是说，35～220kV 避雷器，平均一万台设备只有 0.1～0.3 台故障，这个低故障率完全在可以接受的范围内。对于 500kV 避雷器，平均每 1000 设备有 1 台故障，故障比率也是比较低的。

通过对广东电网公司 2003～2010 年氧化锌避雷器预防性试验情况的统计，得出其平均缺陷检出率为 1%，即每检测 100 台设备，发现超标的异常设备为 1 台。上述平均缺陷检出率与表 2-9 中各个试验项目缺陷检出率相乘，就可以得出各个试验项目检出缺陷的概率。如按照广州电网 10～35kV 氧化锌避雷器泄漏电流（或 1mA 参考电压）超标缺陷占总缺陷的 16.5%估算，可计算出通过预防性试验检出该类型的绝缘缺陷概率是 0.165%，即每试验 1000 台设备，有 1.6 台可能有问题（仅指 10～35kV）。

（五）电容器（含耦合电容器）

2001～2010 年广州电网电容器（含耦合电容器）预防性试验缺陷统计见

表 2-11。可以看到，缺陷基本集中在 10～35kV，其中，绝缘油分析异常缺陷占 1.36%，电容器箱体过热缺陷占 9.71%，熔丝或接头过热缺陷占 73.59%，绝缘低或耐压击穿占 1%，电容量超标占 14.3%。

表 2-11　2001～2010 年广州电网电容器（含耦合电容器）预防性试验缺陷统计分析表

缺陷类型	电压（kV）	2001 年（起）	2002 年（起）	2003 年（起）	2004 年（起）	2005 年（起）	2006 年（起）	2007 年（起）	2008 年（起）	2009 年（起）	2010 年（起）	总数（起）	占同期总缺陷比率
绝缘油分析异常	10～35	0	0	3	0	2	2	0	0	0	1	8	1.36%
	110～220	0	0	0	0	0	0	0	0	0	0	0	
电容器箱体过热	10～35	9	4	7	13	7	4	0	10	3	0	57	9.71%
	110～220	0	0	0	0	0	0	0	0	0	0	0	
熔丝或接头过热	10～35	32	15	20	50	25	76	59	6	51	98	432	73.59%
	110～220	0	0	0	0	0	0	0	0	0	0	0	
绝缘低或耐压击穿	10～35	1	0	1	0	0	1	0	1	0	1	5	1.02%
	110～220	0	1	0	0	0	0	0	0	0	0	1	
电容量超标	10～35	2	1	4	9	5	9	22	9	12	11	84	14.31%
	110～220	0	0	0	0	0	0	0	0	0	0	0	

10 年间，唯一的一例 110～220kV 耦合电容器缺陷是一起停电预防性试验发现的低压端绝缘电阻偏低缺陷，除此以外，10 年间耦合电容器主绝缘没有发现任何问题（据统计，广州电网耦合电容器运行中也未发生任何事故、障碍），这说明耦合电容器制造质量有了大幅度提高。而通过对广东电网公司多年的耦合电容器预防性试验数据的统计，预防性试验缺陷的检出率为 1.22%（包括所有的缺陷在内）。

对于耦合电容器而言，开展带电测试的技术较成熟，并且目前耦合电容器有逐步拆除、淘汰的趋势，因此基本可以采取带电测试来进一步延长停电试验周期或替代停电试验，不会给系统带来大的安全隐患。对于 10～35kV 电容器而言，由于带电测试发现的缺陷占 83.6%，电容器停电试验对可靠性影响不大，因此可以考虑在加大红外检测力度的基础上延长定期停电试验周期。

通过对 2003～2010 年广东电网公司耦合电容器的故障、事故情况进行统计，得出的各电压等级设备的故障、事故率统计数据如下：35kV 为 0.396%，110kV

为 0.0096%，220kV 为 0.11%，500kV 为 0，可见事故、故障率是非常低的。

（六）GIS 组合电器

广州电网 2001～2010 年 GIS 组合电器预防性试验缺陷统计见表 2-12。

表 2-12　2001～2010 年广州电网 GIS 组合电器预防性试验缺陷统计分析表

缺陷类型	电压（kV）	2001 年（起）	2002 年（起）	2003 年（起）	2004 年（起）	2005 年（起）	2006 年（起）	2007 年（起）	2008 年（起）	2009 年（起）	2010 年（起）	总数（起）	占同期总缺陷比率
气体微水超标	110～220	28	5	18	14	15	10	47	29	13	22	201	60.00%
	500	0	0	0	0	0	0	0	0	0	0	0	
气体泄漏超标	110～220	20	2	7	6	7	6	30	24	10	13	125	37.31%
	500	0	0	0	0	0	0	0	0	0	0	0	
外接头过热	110～220	0	0	0	0	0	0	0	0	1	4	5	1.49%
	500	0	0	0	0	0	0	0	0	0	0	0	
耐压试验击穿	110～220	1	1	0	0	0	0	0	0	0	0	2	0.60%
	500	0	0	0	0	0	0	0	0	0	0	0	
带电局部放电异常	110～220	0	0	0	0	0	0	0	0	1	1	2	0.60%
	500	0	0	0	0	0	0	0	0	0	0	0	

通过对广州电网 GIS 设备的预防性试验情况统计，气体微水超标的约占 60%、气体泄漏超标的约占 37.3%、外接头过热缺陷约占 1.5%、耐压试验击穿或带电局放电异常等绝缘缺陷约占 1.2%。由于 2010 年前，GIS 局部放电的带电检测技术、SF_6 气体成分分析的带电检测技术刚刚引进，现场应用不多，所以相对而言发现的缺陷就较少。

近年来，国内电网公司 GIS 设备的事故、障碍有显著上升趋势，因此加强 GIS 设备的状态检测极为必要。由于 GIS 设备常规停电试验的项目很少，目前开展的超高频局部放电检测、超声波局部放电检测、SF_6 气体成分分析都是有一定效果的检测项目。国内外电网企业通过这些检测技术发现了大量潜在的设备隐患，因此绝缘项目基本具备了不停电试验的条件，可以通过带电测试进行，而机械特性测量则应结合维护开展测试与检查。目前，完全独自开展 GIS 带电局部放电检测的运行单位不多，需要加强培训，逐步推广、普及该项检测技术。

三、简要结论

（1）通过对大量预防性试验发现缺陷数据及大量设备事故、障碍数据的统计分析，可以看出，我国电网主要设备的制造水平有了大幅度提升，停电预防性试验的缺陷检出率、设备事故及障碍率都处在一个较低的水平。常规停电预防性试验项目发现缺陷的概率在进一步降低。

（2）对于110kV及以上主设备而言，多数停电预防性试验发现的缺陷都可以通过带电测试或不停电测试方式发现，说明通过带电测试延长预防性试验周期或取代停电预防性试验，已经具备了一定技术基础。

（3）目前的预防性试验项目或方法并不能发现设备所有的潜在缺陷，不可能通过预防性试验完全避免设备事故、障碍发生，因此，检测技术应同步跟踪设备缺陷的变化形式，应结合现场需求，开发和引进先进的检测技术，如套管、互感器带电局部放电检测技术等。

（4）由于带电测试对大幅度减少预防性试验占用的计划停电时间、促进供电可靠性提高和检测效果提升、促进状态检修开展、提升检测效率具有积极作用，因此，应大力推进预防性试验管理模式转型，从管理体系、技术体系等方面出发，加快建立以带电测试技术为主体的新型状态检测体系。

第二节　传统预防性试验管理模式存在的问题

通过持续不懈的努力，我国电网企业已建立了与停电预防性试验配套的管理体系、标准体系和执行体系。多年来，这一套制度体系对保证设备安全运行起到了积极作用，但随着电网的发展，特别是随着社会对供电可靠性要求的不断提高，其存在的问题也日益凸显，为此，加快建立适应新形势的状态检测工作体系就提到了日程。要建立一整套以带电测试为主体的新型状态检测体系，一方面要保留传统模式的精华，另一方面要推陈出新，针对性的进行改革。因此，系统地将传统模式存在的问题进行梳理，对新体制的建立具有重要意义。

一、注重事中、事后的监督，对事前的监督重视不够

事中的监督和控制就是通过例行的预防性试验和带电检测对设备的状态进行评估，为设备的检修决策及运维提供支持。以我国、东欧和新加坡等国的电网企业为代表，这些国家开展的预防性试验、状态检测、状态维修实际上是一种事中管理，通过定期地试验，通过对 GIS、变压器等设备安装嵌入式传感器等测量探头，观测设备的状态。

事后的监督就是在运行中设备出现事故后，运行单位开展事故调查，按照设备运行使用情况，开展特维、特检，并针对性地制订反事故技术措施，对厂家提出具体技术设计要求，消除设备潜在的隐患，以满足电网实际运行情况的需要。

事前监督则是电网运行企业在设备的设计阶段提前介入开展技术监督的管理模式。通过在产品设计阶段、制造阶段、运输及现场安装阶段开展有效的过程控制，将设备潜在的隐患消除在萌芽状态，达到尽可能减少设备运行维护费用、延长寿命的目的。

例如，根据 2008 年以来我国电网企业统计数据研究结果表明，发生非计划停运的组合电器有 87.5%为近 5 年投运的产品，产品制造原因引起的非计划停电排第一位，占 42.1%；又如，2009 年，国家电网公司 72.5kV 及以上的断路器（含 GIS）设备共发生 494 次非计划停运，设备原因引起的有 358 次，占 72.5%，因设备质量问题而产生的事故，极大影响了电网整体性能及长时间运行稳定性，由此可见，现役开关设备可靠性低，已成为影响电网稳定运行的重要原因。

因此，运行单位提前介入，逐步建立基于设备特征参量的可靠性试验方法，开展设备可靠性检验及评价管理的实践，从采购、工程建设等事前影响设备安全服役的环节入手，对设备进行跟踪管控，实现监督管理模式从事中、事后监督向事前监督的转变，提高入网设备的科学管理水平具有极其重要的现实意义。

目前，国际上这方面的标杆企业是日本的东京电力公司，该公司运行中设备安装的在线监测装置已基本淘汰，电网企业已把设备技术监督的主要精力及

关口移到事前控制了。从设计开始，就与设计单位联合，为使用单位提出设计上的要求，从制造环节与厂家一起进行联合检测。该公司对所有的配网设备进行全面测试，对振动、温度、湿度、电磁环境等项目都开展检测，所有类型的设备都进行严格抽检，凡是抽检过程中有一个不合格的，这一批都不能用。通过从设计到设备入网检测这一系列的措施，保证设备做到30年免维护。实际上，在线监测设备的传感器寿命一般只有6～8年，如果采取事中大量投入监测设备或人力开展监督的模式，会大大增加企业的运维成本。

目前，我国电网企业各基层运行单位普遍对事中的预防性试验、事后的故障分析比较重视，而对事前的监督，即设备入网前的设计、监造、抽检、基建、大修改造工程现场交接试验管理力度重视不够，导致出厂的设备先天不足，生产时即存在各种各样的潜在问题，使运行中设备故障率偏高。尤其是多数运行单位没有根据自身的实际需要定制设备，监造流于形式、设备抽检业务开展较少，导致入网设备质量与合同签订的预期要求有一定差距，使运行过程中的资产运维阶段费用严重偏高，甚至设备运维阶段的费用超过了原值数倍，这些无疑已不适应资产全生命周期管理的要求。下面是几个具体案例。

（一）案例一

某电网公司统计数据表明，配网设备故障是造成城区用户停电的主要原因之一，配网事故停电造成的影响不容忽视。而在农村用户停电的比率中，因配网设备原因造成停电的用户数占停电总用户数的69.50%，该公司统计发现，某年短短4个月烧毁的配电变压器就达42台，可见配网运行状况与用户安全稳定供电有紧密关系。

多起配网设备事故原因分析表明，相当一部分设备事故是由于厂家的制造质量不符合要求而造成的，如有的变压器刚投运，温度稍高就发生匝间短路，造成变压器烧毁等。为对订购的配网设备性能有一个清晰的了解，对可能造成设备事故的原因进行分析，针对性地提出应对措施，该公司对部分新入网的10kV配电变压器进行了抽检。

参加抽检试验的配电变压器共13台，其中8台油浸式变压器，5台干式变压器。抽检试验项目如表2-13所示。

表 2-13　　某次配电变压器抽检试验项目

项目	油浸式变压器	干式变压器
试验项目	绝缘电阻（含铁芯） 直流电阻 交流耐压试验 感应耐压试验 空载损耗试验 负载损耗试验 声级试验 温升试验 油的简化和耐压试验	绝缘电阻（含铁芯） 直流电阻 交流耐压试验 空载损耗试验 负载损耗试验 感应耐压试验 局部放电试验 温升试验 雷电冲击试验 声级试验

抽检结果发现，13 台配电变压器中只有 4 台所有检查项目全部合格，其余均有不合格项（油浸式变压器仅 3 台合格，干式变压器仅 1 台合格），总体抽检合格率为 33%，其中，干式变压器不合格率为 80%，油浸式变压器不合格率为 57.1%。从不合格的项目看，多数为温升试验不合格，共有 5 台配电变压器超标，超标温升数据范围为 0.6～15.8K。

造成变压器温升超标的原因有两类：①变压器绕组的散热通道有问题，属于设计或工艺原因；②节省原材料或者说没有按照预定合同制造。

抽查结果表明，型式试验合格、产品鉴定通过，只能说明该厂具备生产合格产品的能力，不能保证该厂产品的质量。更吃惊的是，这些生产厂家均是比较大的变压器生产企业。作为电网公司的主要供应商，抽检的结果尚且如此，如果加上零散采购的小厂产品，合格率可能还会更低。

可见，加强对新订购设备的质量管理极为必要。据该公司分析，造成新订购配网设备质量不符合要求的原因有：①供电企业的验收把关不严，②供货厂家过多，入围资质审查不够严格，造成质量下降。

因此，必须树立一个明确的观点，要减少运行中的电网设备事故、降低安全运行的风险，最经济的办法是加强入网设备质量监督和管理，实现从事中、事后监督向事前监督的转变。值得欣慰的是，目前，我国电网公司均意识到设备准入关的重要性，开展了入网设备的抽查试验。

例如，国网北京市电力公司设立了专门的配网技术研究中心、质量检测中心，独立开展了配网设备的大部分抽查试验；国网上海市电力公司也指定单位组织开展了配网设备抽查；国网天津市电力公司建立了内部检查、告警制度，对配网设备开展了封闭抽查，同时在生产MIS系统开发了技术监督模块；广州电网则建立了先进的配网设备检测检验实验室。实践证明，上述措施收到了良好效果。

而国际先进供电企业，如新加坡新能源电网有限公司在设备的入网检测上则更加严格，该公司不但严格开展了抽查试验，而且其新订购设备的保质期已延长到5年，并通过合同的形式与供货厂商固定下来，从而确保了供货产品质量。

（二）案例二

某电网企业多年来受线路耦合电容器、避雷器等设备停电预防性试验的困扰，因为线路间隔设备预防性试验会使线路停运，不但停电申请困难，而且对电网整体可靠性影响较大。为此，从2000年起，该企业组织对相关绝缘在线监测技术进行了研究，期望通过在线监测替代停电预防性试验。为使研究具有可信性，对安装在线监测装置的设备仍按规程规定周期开展了停电预防性试验。

研究持续进行了10年，将相关数据统计后发现，10年间停电预防性试验检出的110～220kV耦合电容器、氧化锌避雷器缺陷数均为零，即试验没有发现任何缺陷，而同期安装的在线监测装置均已退出运行。由此可见，入网设备质量的好坏对运行维护有很大影响。

这是值得普遍借鉴的管理问题，如20世纪80年代，日本几乎所有的GIS设备都安装了局部放电在线监测装置，到20世纪末、21世纪初已基本拆除，这是因为其入网设备的质量得到了大幅度提升，安装监测装置已失去其存在的意义。西方发达国家定期停电预防性试验项目极少或基本不开展，一个很重要的原因是其设备的入网质量很高，维护工作少。

根据国内外大量资产全生命周期管理的研究和实践表明，设备的全生命费用，初设阶段结束决定了大约70%，试制阶段结束决定了95%，制造阶段结束决定了99%，试用阶段仅决定1%。凡在我国电网企业从事过多年设备管理工作的技术人员都会发现，我国电网企业仅仅预防性试验的所有费用已远远超过这个数字，显然，这种模式是不可持续的，不符合现代企业的管理要求，这也提示我们应将事前的监督逐步作为设备管理的重点。

上述问题是我国电网企业普遍存在的问题，因此制定并颁布配网试验资质管理办法，强化配网试验管理，积极开展配网、输变电设备入网抽查，探索从事后、事中监督向事前监督转变的可能途径，是需要重点研究和解决的课题。

二、注重主网设备监督，对配网设备的监督重视不够

对标发现，我国电网企业主网设备的运行维护及自动化水平与国外差距不大，而配网设备管理水平则存在较大差距，严重影响了可靠性提高、供电质量及服务水平提升。配网设备状态检测处在起步阶段，配网监督人才匮乏、先进状态检测技术应用落后、管理人员观念转变较慢，而国际先进供电企业技术人员中约 1/3 从事配网领域的技术研发与管理工作。由于配网的运行直接关系到用户的安全稳定供电与供电可靠性的提高，因此加强配网设备技术监督和状态检测刻不容缓。我国电网企业配网设备状态检测存在的问题如下：

（1）配网设备状态检测观念没有深入人心。如统计表明，多数电网企业没有对配网设备开展过预防性试验，虽然有要求，但能很好开展的单位不多。从深层次的角度进行分析，主要是对客户服务的重视程度不够，或者说对可靠性建设的认识不充分。此外，由于配网设备规模较大，造成了预防性试验执行起来较困难，导致运行中长期缺乏对设备进行状态检测，使得事故率偏高。

例如，某供电企业组织对 5 年来配网设备的事故进行了统计分析，得出各类主设备事故、障碍原因的数据如下：配电变压器主绝缘击穿引发的事故所占比率为 48.4%，过热故障引发的事故所占比率为 15.1%；配电开关总事故、障碍原因分类统计中，主绝缘击穿或损坏占 54.3%。可以看到，配电变压器绝缘击穿、过热故障占总事故原因的 63.5%，约 2/3，而配电开关主绝缘击穿或损坏也占总事故、障碍的一半以上。因此，开展配网设备的状态检测可以避免相当一部分设备事故。因此，应转变观念，充分认识到配网设备状态检测的必要性和可行性，通过有效的状态检测切实降低运行中设备事故，对于重要用户、大用

户和对电能质量要求很高的敏感用户尤其重要。

（2）技术手段严重不足，缺乏可操作的试验规程，导致状态检测流于形式。现场开展配网设备停电预防性试验存在较多实际困难，例如，停电试验对可靠性的影响较大；配网设备数量庞大，工作量相对较大；现场试验的很多问题，如停电问题、电源问题等难以解决，实际操作起来存在困难等。上述问题导致规程规定的预防性试验内容难以得到有效执行，一方面暴露了规程修编时存在对可操作性考虑不足的欠缺，另一方面暴露了在引进或开发有效带电检测技术方面存在严重不足。这也提示电网企业技术标准的制定者，如果不注重技术规程的现场可操作性，即使理念再好，其也很难有真正的生命力。

（3）状态检测组织保障体系需要进一步理顺。如虽然有配网预防性试验的技术规程，但相当一部分企业缺乏专门针对配网设备进行预防性试验或检测的试验人员，缺乏对数据进行分析的技术岗位，管理标准、规章制度不适应开展配网设备状态检测需要，缺乏有效的考评制度等，导致正常的状态检测难以开展下去。

三、过于依赖停电试验，对带电测试技术的应用不够

传统的预防性试验模式由于占用了过多停电时间，对可靠性的提升造成了一定影响。例如，根据广州电网 2006 年数据统计，停电试验时间曾占同期电网总停电时间的 30%左右，约造成用户每户年均停电 1.69h，相当于用户当年总停电时间的 6.9%，不但直接影响了可靠性提高，而且还影响了设备检测的有效性，增大了事故发生概率；又如，按照行业标准规程，10kV 开关柜需要每 3 年测量一次绝缘电阻，但对于城市电网而言，如果严格执行这一规定，会造成大量开关柜停电，对供电可靠性产生较大影响，而且还要增加大量的人力物力用于停电试验的操作，带来很多不安全的因素。

目前，相当一部分停电试验项目有效性不高，但受规程限制仍照常试验，消耗了大量时间和人力物力，却难以及时发现缺陷。如前分析所述，广州电网 2001～2010 年，110～220kV 断路器、氧化锌避雷器、耦合电容器、CVT 停电预防性试验电气项目发现的缺陷仅有 2～3 起，但是受规程限制，不论设备的实际运行状况如何，到期必须进行预防性试验，造成了大量盲目试验和

浪费，带来了对状态检修支持力度不足、运营成本偏高、运维效率降低等一系列问题。

上节的统计数据研究表明，我国电网企业110kV及以上变压器、断路器、互感器等常见电网设备，已基本具备了通过不停电试验方式发现多数缺陷的条件，也就是说已基本具备了从停电试验为主到带电测试为主监督模式转变的条件。如果能够严把设备投运关，加大带电测试技术引进的力度，则具备了逐步延长停电试验周期或逐步替代部分停电试验项目的条件。新的模式对大幅度减少预防性试验占用的停电时间、促进供电可靠性提高和状态检测效果的提升、促进状态检修的开展将产生积极作用。

四、过于关注设备安全，对因设备问题造成的系统安全关注不够

传统预防性试验管理体制主要针对设备安全进行构建，对因设备安全引起的系统安全问题关注不够，没有根据设备对系统安全影响程度大小来针对性调整预防性试验和检修策略。研究和实践表明，不同设备对系统安全的影响是不同的，为实现“差异化”的设备维护管理模式，进一步节省运维成本，预防性试验管理体制也需同步调整，逐步实现“从关注设备安全”向“关注系统安全”的转变。

近10余年来，随着西方国家设备维护的模式从状态检修到以可靠性为中心检修模式的转变，状态检修的概念与内涵发生了新的变化。它要求企业根据设备与系统之间的关系，区分设备的重要程度而分别对待，根据检修效果和经济效益来选择检修方式，根据对系统的重要性来配置检修资源，从而在可靠性和检修费用之间取得平衡。现行的预防性试验体制同以可靠性为中心的运维模式相比，潜在的缺陷主要表现在：

（1）预防性试验周期的制订不尽合理。不同电力设备各有其自身特点，其故障和损坏周期也各不相同，即使同一电力设备，在寿命期内各个阶段的故障特点也不相同，但在现行体制下，设备的试验项目、标准和周期却一成不变。这样在故障率高的阶段就因试验不到位而降低了设备的可靠性和利用率，在稳定运行阶段就造成了预防性试验的浪费。

（2）检修项目的制订缺乏科学性。在现行管理体制下，供电企业在制订预防性试验或检修计划时，很少是建立在对设备故障周期研究和对设备工况检测后定量分析的基础上，而是盲目照搬有关标准，缺乏针对性，造成一些该试的设备没有试到，而有一些设备在检修后运行工况反而更差。因此在预防性试验管理中开展风险评估和决策研究，是提高设备维修管理水平和系统防范风险能力的有效措施。

鉴于不同设备对系统安全的影响程度不同，因此，为实现从关注设备安全向关注系统安全的转变，预防性试验管理体制也应同步进行转变和调整。

五、试验周期过于单一，“差异化”周期实施不够

通常，极少数大用户的用电量占电网企业供电量的大多数，如新加坡新能源电网有限公司，1%的大用户占 65%的供电量，这一情况与我国两大电网公司类似。但在传统的设备预防性试验和维护过程中，无论是管理体制还是技术标准，对不同用户供电的设备，预防性试验周期、检测项目、投入的人力物力是相同的，这种平均分配资源的状况使最重要的用户得不到最好的服务。与银行、民航、医疗、金融等传统服务型行业比较，电网企业在“差异化”服务方面还存在较大差距，今后应该在管理体制上对大用户给予适当的支持。

如果进一步将设备“差异化”预防性试验和维护的内涵拓展，对于同一变电站的不同设备，也可以逐步实行“差异化”的试验周期。对于同一个设备的不同运行时期，理论上检测周期也应各不相同。而现行的预防性试验体制不论设备的实际情况如何，一律执行预先规定的维护周期，导致部分设备检修过剩，而真正需要检修的设备又维护不足，在资源有限的情况下，真正存在安全隐患的设备不能被及时发现或处理。

六、过于关注电气试验，对非电量参数的测量和设备的维护保养重视不够

在高压设备检测参量的选择上，我国电网企业十分重视和关注电气试验，而对非电量参数的测量及设备机械部分保养的重视程度不够。由于各类技术规程编制过程中与厂家有效沟通不够，电网运行企业往往只依据技术人员的理解、

经验来编制规程，使设备维护与厂家的要求存在较大差距，导致部分设备检修维护保养不足。特别是随着状态检修工作的开展，以及近10年来我国电力体制改革的实施，行业监管力度相对削弱，使设备非电量参数及机械维护方面的问题日益突出。

例如，断路器的机械参数、机构等非电量状态检测技术开展的研究、应用不够，很多供电企业基本没有开展这方面工作，其原因是断路器机械特性的状态检测的确很难，要么实施起来很困难，要么有效性差。由于现场试验人员通常将电量参数作为主要的检测参量，而对非电量参数的检测开展不够，难以客观而全面地评价设备的真实状态，使状态检修工作难以达到预期目的。表2-14是某电网公司技术规程与厂家设备维护要求的差异对比表。

表2-14　　某电网公司技术规程与厂家设备维护要求的差异对比

检测项目	某电网公司规程		某设备厂家相关要求	
	周期	要求	周期	要求
操动机构检查	无要求		3～6年或2000次操作	检查螺钉、螺母有无松动，缓冲器有无漏油
接触电阻测量	3年	不大于制造厂规定值的120%	15年或5000次机械操作；断路器每年少于100次操作的，6～8年或2500次操作	试验电流至少200A，对于小电流（≤400A）的频繁操作，允许较高值
紧固力矩	无要求		15年或5000次操作	检查接合部位紧固力矩
SF_6气体湿度	投产后满1年1次，如无异常，3年1次	大修后：≤150μL/L 运行中：≤300μL/L	15年或5000次操作	取下密度监视器并接上露点测量设备

从表2-14可以看出，设备厂家要求进行机械特性维护，而电网企业则没有要求；厂家对电气试验要求较松，而电网企业则要求严格。可见，二者之间的技术标准确实存在较大的偏差，因此，运行单位在制定技术标准时，与制造企业的有效沟通十分重要。

事实上，国际先进电网企业在非电量参数的状态检测上要领先我国，如新加坡新能源电网有限公司对于断路器的机构，通过电流波形法定期开展了状态检测并取得了较好应用成果。该公司制定了断路器机构的性能监测判断准则，自主研发了测试设备，建立了管理数据库；对于断路器的速度特性等参数测试方面，进行了大量检测，真正促进了状态检修工作的开展；该公司对配网等低电压等级的断路器同样进行了大量非电量参数的检测。而目前我国很多供电企业没有开展配网设备状态检测，因此配网状态检修也就无从谈起。

特别需要说明的是，没有有效的非电量及机械参数的监测，对于断路器、GIS 等设备的状态评价也就无从谈起，即便开展也是流于形式。

七、预防性试验管理体制变革相对滞后，不适应新形势发展需要

近年来，状态检测技术在我国电网企业发展十分迅速，但传统配套的管理体制的变革仍然相对滞后，新的以带电（在线）检测为主的状态检测体系还需建立配套的管理制度、考评机制与绩效指标体系，以确保相关工作顺利开展。运行中暴露出的管理方面的主要问题包括：

（1）需要结合资产管理，研究协调一致的设备管理策略。现行的体制下，设备管理的各环节由不同的部门进行管理和实施，由于各自追求分阶段的最优，未形成统一的目标和价值取向，造成各部门在自身管辖范围内强化管理、多头管理的现象比较普遍。上述现状导致不同的单位、部门之间各自出台一些规定和办法，追求局部优化而忽视整体，如在修编技术规程时，线路规程的修订不考虑变电内容，变电规程的修订不考虑线路内容等，导致缺乏协调一致的绝缘配合策略等。

（2）需要结合资产管理，研究协调一致、可操作的标准体系。设备的状态检测包括各方面内容，因而也包含很多不同的标准规程，而许多规程由不同的部门或行业编写，导致许多规程、制度之间缺乏统筹一致的考虑，给执行带来了困难。

例如，配网设备的停电预防性试验，规程虽有规定，但是由于没有考虑可操作性，导致多数企业难以执行；又如，变电站同一间隔设备的预防性试验周期不同，化学、电气试验的周期不同，导致一个间隔设备要多次停电进行；再如，行业标准规定变电站 10kV 开关柜例行试验要测量绝缘电阻，而实际上能够执行或停电的极少等。这暴露出我国电网企业缺乏统筹的设备运维策略或技

术标准，或者说该领域的顶层设计考虑不够。

（3）需要建立统一的设备运维综合停电管理体系。由于很多供电企业没有将可靠性作为严格的指标进行考核，导致了设备的运维过程中出现大量重复停电，如同一台设备不同专业、不同部门各自重复申请停电，既浪费了大量生产成本，又严重影响可靠性提高，因此研究不同专业结合综合停电机会，共同合作开展状态检测的可能性，对减少大量重复停电申请、预安排停电，提高可靠性、降低成本、提高劳动效率有积极意义。

（4）缺乏高度共享的数据支持平台。全面推进输变电设备管理的数字化、智能化建设，必须建成高度融合的数据支持平台。由于不同系统（数据采集和数据应用系统）对于数据的表示存在着不同方式，因此要实现数据使用的数字化，还需要一个数据转换系统，让数据提供者和使用者能够有一致的理解。标准化的数据共享平台可以依据相关的标准，规范数据的表示方式和交换接口，实现不同系统之间数据格式的转换，以保证数据的无缝共享。从某种意义上来说，可以认为它是一个逻辑的数据传输平台，与物理通信平台共同解决数据的传输问题。

目前，电网企业一次设备的数据共享平台还不完善，虽然数据库建设已开展多年，但主要针对各自需求建设，零星、分散开发的偏多，不能针对资产运行及状态检修的需要进行专项开发，特别是对不同类别、不同单位设备存在的共性、普遍性的东西考虑较少，缺乏整体研究和描述，使各类数据不能实现高度共享，形成“多个信息孤岛”。如运行数据分散在巡视部门、检修数据分散在检修部门、试验数据分散在试验部门，影响了状态评估和状态检修工作开展。

八、传统模式效率低、成本高，不适应现代电力企业资产管理需要

在我国两大电网公司中，预防性试验普遍由单独的试验单位进行，由于城市供电面积大，电网企业所辖变电站分散，路途较远，且变电站普遍实行集控站的管理模式，试验人员在路途、集控站开工作票和等待操作的时间普遍较长，使预防性试验工作效率十分低下，劳动生产率与国际先进企业差别较大。直接的后果是除了增加设备运行维护的投入成本外，最重要的是作为试验单位主体

的班组不可能保持一定的测试密度，从而影响了状态检测效果，不能在最有效的时间给出设备真实状态，对确保设备和系统安全、有效支持检修产生了较大影响。

案例分析如下：

为真实地对某供电企业试验人员的劳动强度和生产效率进行量化分析，以便真实地了解所需试验人员数量，某电网企业进行了生产效率量化分析与计算。

该单位以某年实际生产任务为基础，对每一项工作消耗的实际工时进行了精确的统计计算，对每一项工作消耗的时间、需要的人数尽量做到公平合理的计算。

统计工作考虑了生产过程的每一个环节，如准备工作、路途花费时间、站内开票等待时间、试验工作时间、后续工作时间等，每个环节尽量客观的按照符合实际的情况考虑问题，如经过抽查 61 张工作票得出了该单位停电预防性试验时，变电站内平均等待开票的时间为 60～70min，然后按照这个数据来计算等待工作的工时数。如 4 人在站内等待了 1h，就相当于消耗了 4 个工时，根据各个环节详细的统计数据来分析时间分配情况。表 2-15 是电气试验专业现场测试各环节消耗时间统计表。

表 2-15　　电气试验专业现场测试各环节消耗的时间统计一览表

专业名	工作环节	占整个专业工作任务比率
电气试验专业	准备、结束、出试验报告工作环节	17.0%
	路途环节	28.55%
	变电站等待开票、操作环节	24.6%
	真实工作环节	29.8%

从表 2-15 的数据可以看到，试验工作仅消耗 29.8%的工时数，而其他环节消耗了 71.2%的工时数。这种现象是我国电网企业普遍存在的问题，试验工作的时间利用效率不高，导致了生产效率十分低下，增加了设备运维的成本，或者说，要提高效率，必须改善路途和开票两个工作环节消耗时间过多的情况。

由于定期试验、检修需要投入大量人力物力，而检修、试验工区所维护的变电站和设备的数量在逐年增多，维修成本和检修人员却无法同比增长，如 2003～2010 年，广州电网管辖设备试验工作量增长了 50%～60%，而人员增长不到 1%，如果仍按原有计划检修模式运作，将不可能适应现代企业对资产回报率高的要求，最终会影响状态检测、状态检修质量，危及设备和电网安全。因此，适应资产管理需要，通过管理创新、技术创新，逐步建立一整套新型、优质、高效的设备检测流程体系，成为我国电网企业必须解决的重点问题。

第三节　状态检测技术国际对标研究

近年来，设备故障检测技术得到了迅速发展，已成为电力系统科技创新与研究的热点之一。高压设备状态检测技术，从早期对故障的各种直接检测手段，发展到依靠经验的诊断过程，进一步发展到当前基于知识的智能诊断技术，已经逐步形成一门新的学科，状态检测与状态检修也逐步成为智能电网建设的重点专题之一。

值得说明的是，西方发达国家电网企业不是不做设备维护试验，而是很少做定期停电预防性试验，其设备日常的停电试验主要结合维护进行。这些国家状态检测的方式、检测的特征状态量与我国不同，这是因为这些国家主要是从系统的角度考虑问题，而我国传统的停电预防性试验模式更多的是从设备角度考虑问题。

通过对比发现，西方发达国家一般将变压器、SF_6 断路器、GIS 及电力电缆等关键资产设备作为重点检测对象，且比较注重对设备运行状态量、控制量的监测，如变压器风扇或油泵的启动状态、运行状态、负载系数、顶层油温、有载开关投切状态等。

而我国的基本国情及电网企业的运行环境与国外有着很大不同，电力网络建设远不如西方国家健全，设备制造质量问题较多，因此，相对而言对设备“健康”状态的检测或者说对绝缘量的检测比较重视。

近年来，状态检修工作开始在我国各地展开，状态检修的理念开始深入人心，各地区电网企业均开展了大量的实践。为及时了解全国各供电企业状态检修的开展现状，西安交通大学曾对全国各供电公司开展的状态检修情况进行了一些调查统计，按完整填写返回的 34 个供电公司的统计，目前所采用的检测及检修模式分类如表 2-16 所示。由表的第 2、3 两栏可见，对某些设备或其主要设备的检测及维修内容和周期已有所调整的，分别占 37.2%和 27.0%（两者合计占 64.2%），而仍全部采用定期检测、定期维修的占 26.0%；已对主要设备全部实现按实际情况进行检测及维修的占 9.8%。这接近于 CIGRE 对二十世纪末的全世界统计结果，也反映出国内在开展状态检修方面正在深入人心。

国内北京、上海、广州等特大型城市电网企业先进带电诊断技术的应用已达到较大规模，通过带电测试技术延长设备停电预防性试验周期已做了较多尝试并收到积极效果，在不降低监督效果的前提下较大幅度的提高了生产效率。

表 2-16　　供电公司状态检测、检修模式统计

<table>
<tr><th>检修模式</th><th>中国大陆</th><th>CIGRE</th></tr>
<tr><td>对主设备全采用定期检测、定期维修的策略</td><td>26.0%</td><td>20.8%</td></tr>
<tr><td>对某些设备的检测及维修周期已开始有所调整</td><td>37.2%</td><td rowspan="2">67.9%</td></tr>
<tr><td>对主要设备正逐步按实际情况选择检测和维修内容及周期</td><td>27.0%</td></tr>
<tr><td>对主要设备已全部实现按实际状态选择相应检测及维修内容及周期</td><td>9.8%</td><td>11.3%</td></tr>
</table>

对那些已逐步按实际状态选择维修周期及方法的单位，如按设备来分类则如表 2-17 所示。从这方面来看，各种重要设备之间的差别不大，其中以对金属氧化物避雷器（MOA）的监测最多，这很可能与对 MOA 的带电检测（特别是测量其全电流）易于开展和成熟度较高有关。

表 2-17　　已按实际状态选择维修周期及方法的设备

设备类型	比例
主变压器	50.0%
断路器及 GIS	47.0%
互感器	38.2%
电容型设备（电容式套管及 TA、耦合电容器等）	32.4%
金属氧化物避雷器（MOA）	52.9%

一、欧美等西方国家状态检测开展现状

美国的状态检测最早开展于航空航天领域，1967 年美国成立了机械预防

小组，开始研究设备的故障机理、检测、诊断和预防技术及可靠性设计，材料耐久性等。很快，状态检测的理念在交通运输、设备制造等很多行业内得到应用。

在电力系统设备状态检测方面，美国很早就开展了相关研究。如美国 PAC 公司开发的超声波带电局部放电检测系统，被广泛地应用于变压器、GIS 等设备的状态检测，并发现了大量缺陷。美国电力科学研究院（EPRI）很早就成立了设备监测与诊断中心，应用多种新技术，对发电厂与电网设备开展了状态检测与故障诊断，取得了良好效果。此外，法国、丹麦、瑞典、西班牙、德国、日本等西方发达国家在设备检测、状态评价等方面也开展了大量工作，对高压电器，特别是变压器和断路器等在线状态监测、评估和维修等方面进行了较为深入的研讨与应用实践，并在实践中对监测系统进行了性能评价。

总的说来，欧美等国电力企业的状态检测与检修工作是在 20 世纪 90 年代大规模开始的。由于电力体制改革，发电市场竞价上网，但售电电价仍受政府管制，在供电量难以大规模增长的前提下，使多数电网企业面临降低成本的压力。此外，这些国家电网企业的大量设备接近或超出了原设计寿命，逐步进入设备老化期。在经济持续衰退、资本有限的情况下，保持电网运行的高可靠性，降低设备维修费用，提高竞争力，已成为各大电力公司面临的难题。它们不得不缩小规模，通过内部的检修优化、流程优化，减少运行和维护人员，降低成本。而社会、电力管制机构等对可靠性提出了越来越高的要求。在上述情况下，电力企业只能开始寻求新的设备维护策略，确保其资产保值和投资回报。正是在这种社会背景状况下，通过有效的状态检测方式促进状态检修开展，就成为电力企业中应用最广泛的维护策略之一，许多企业都把开展状态检修作为今后发展的方向，其许多研究经验值得我国借鉴。

（一）状态检测是检修工作的重要组成部分，但不是全部

随着状态检测理念的深入，西方国家电力企业采用的各种维修方式也发生了变化，形成了多种运维模式并存和互为补充的局面，其常用的检测与检修模式包括：基于故障的维修、基于周期的计划性维修、基于设备实际状况

的维修及基于主动性的维修（如由于同类产品或同样环境下的事故而主动进行的维修）。

这些国家的实践表明，检测和维修方式的进步带来了多方面的效益，如美国电网企业设备管理的总收益增长了 2%～10%，设备可用率增长了 5%～15%，设备寿命延长了 1%～10%，备品库存减少了 10%～50%，安全性及环保性能也得到改善。同时，正因为不同设备的特点及重要性不同、系统要求的可靠性不同等，在同一电力公司中将不同维修方式混合使用也相当普遍。如价值低、故障影响较小的设备，部分配网设备采用故障检修模式；重大资产设备采取状态检修模式等。而且随着科技进步、性价比提高等原因，其混合比例也在变化，通过检测与检修方式的不断优化，不但可靠性得到了提高，而且节省了大量成本。

（二）状态检测（检修）发展是一个动态的渐进过程

实践表明，状态检测及状态检修是一个动态的渐进过程。由于设备的故障类型随着制造水平的提升不断发生新的变化，设备故障诊断技术及维修技术尚在发展之中，因此，设备故障诊断学科也需动态地进行发展与完善，从一个阶段走向另一个更高级阶段。近 30 年来，EPRI 在电力设备状态检测及维修技术的优化方面，开展了众多持续性、改进性研究并取得了大量应用成果，每一阶段的成果都伴随着检测技术的进步而进步。例如，为了改进和提高对变压器、GIS 等关键设备的状态检测水平，EPRI 广泛采用了超声波、超高频局部放电检测技术、寿命老化及评估技术，发现了众多缺陷，合理地延长了设备运行寿命，取得了较好的经济效益。

此外，为应对大量设备的数据管理、诊断评价与风险评估需要，EPRI 还开发了具有针对性的专家系统，如图 2-1 所示。其主要用于监测和管理变压器等设备的当前和历史状态，不仅可以监督设备运行状况，还可基于设备的当前状况、系统的实际需要，自动给出其最经济的负荷运行方式等，也能实现冷却系统和有载调压开关的最优动态控制，通过局域网实现设备的远程监测与诊断。

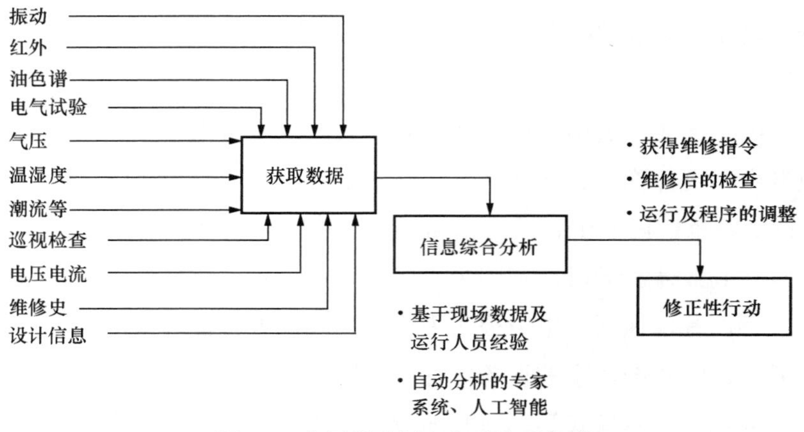

图 2-1　变压器诊断专家系统示意图

（三）状态检修不是设备运维的终点

欧美等西方国家电网企业的实践表明，状态检修是检修维护技术发展的高级阶段，但不是终点。以可靠性为中心的维修管理模式是近些年欧美企业关注的热点，它强调以设备的可靠性、设备故障后果及电网可靠性、经济效益等综合因素作为制订维修策略的主要依据。按照该模式进行维修管理，首先应对设备的故障后果进行评价、分析，并综合出一个有关安全、运行经济性和维修费用节省的维修策略。实际上，以可靠性为中心的维修模式是电网企业从“关注设备安全”向“关注系统安全”转变思路的具体体现。2004 年 CIGRE 发布了关于变电设备管理的经济性指南技术手册，提出基于全局影响因素（global strategic impact，GSI）和总体技术状态（general technical condition，GTC）对设备风险进行量化评价。GSI 综合考虑了资产及人员安全评价、系统安全评价、环境影响评价、经济损失和公司形象，GTC 则由设备健康状态、技术风险、历史情况、运行状态等指标计算得到。

目前状态检修及以可靠性为中心的检修，在国外电网的检修维护中已有较多应用，并与资产管理相结合，取得了良好效果。如 2002 年底，意大利 Terna 公司开始应用其高压输电网资产管理系统，其核心部分就是状态检修的应用。在新的资产管理系统中，状态检修（CBM）具体应用于巡检计划制订、提出维护与检修的建议、提出维护与检修的工作安排及设备的替代与更新等方面的工作。自2002年起，Terna公司在超过200个变电站和40000km的高压架空线路的维护中使用了该系统，通过应用降低了巡检频率，实现了统一的检修标准，能够根据真实状态对重要设备的更新提出建议和辅助决策。

近年来，法国RTE公司逐步使用RCM方法对其设备进行检修维护，也取得了较好的效果。该公司在状态维修的基础上，根据变电站的重要性、环境、设备特性、电能质量等要求，实现了“逐间隔有区别地维修”，在2000年开始应用于变电站维护，并在2002年进一步应用于变电站辅助系统和架空输电线路的检修维护。例如，该公司开发的变压器状态监测系统，可实现对变压器顶层油温、环境温度、负载电流、三相电压、绝缘油气体组分、有载开关分接位置、风扇切换状态等参量进行监测。该公司通过使用RCM方法对变电站设备和架空线路进行检修，在可靠性可接受的情况下控制了检修费用，实现了安全与经济性的平衡。

EPRI结合设备监测和诊断技术，简化了以可靠性为中心维修方式的复杂流程，提出了基于绩效评估的设备优化维修策略和一体化解决方案，包括工龄更换策略、批量更换策略和最小维修策略等。为了充分发挥有形资产的整体效益，2008年英国国家标准协会则制定了PAS55标准，提出了资产管理的原则性框架和通用流程。

目前，我国电网企业多数开展的还是以设备可靠性为基础的检修模式，逐步建立以可靠性为中心的检修模式对现行的预防性试验体制提出了新要求。

二、新加坡状态检测开展现状

20世纪90年代中后期，新加坡新能源电网有限公司开始推广状态检测、状态检修策略，并建立了以状态检测为中心的状态检修体系。该公司状态检测与检修的投入比例为2.73∶1，通过状态检测避免了大量设备故障，单位维修成本下降了2/3，真正实现了“停该停的设备，修该修的设备，换该换的设备”，不但大幅度减少了计划停电时间，提升了供电可靠性，而且取得了良好的资产经营业绩。

新加坡新能源电网有限公司把状态检测与状态检修作为资产管理的两大

支柱，其实践经验证明，状态检测与状态检修的执行具有低价格、高质量作用。该公司将管理系统与数据管理作为电网设备状态检测的两大支柱，公司执行的是以状态检测为主导的状态检修，状态检测不但是检修必不可少的部分，而且是主导部分。

从 1997 年开始执行以状态检测为主导的状态检修，新加坡新能源电网有限公司的状态检测对象逐渐开始从部分设备辐射到大多数电网设备，通过状态检测对设备进行状态评估，并根据评估结果制订状态检修计划，避免了盲目检修，使成本得到有效降低。该公司实践证明，状态检测的整体经济效益如下：

（1）可以通过预防设备事故确保电能质量。当电网出现事故的时候，将导致电压骤降，对电能质量敏感的高科技产业有很大的影响。要避免电压骤降唯一的办法就是避免事故，因此状态检测可以有效提升供电质量。

（2）可以减少电网冲击，达到延长设备寿命的目的。当系统发生短路时，短路电流会流过某些设备并形成巨大的冲击力，对设备造成伤害。如果采用状态检测，就可能避免这种事故的发生，并延长设备的寿命。

（3）可以进行缺陷分析，改善设备质量。通过状态检测，可以在设备发生事故之前找出缺陷，进行相应的调查，找到引起缺陷的原因，并将信息反馈给制造商，从而改善设备的总体质量。

（4）可以积累数据，支持状态检修。通过状态检测，可以积累设备状态数据，并依据数据制订并实施状态检修策略，针对设备不同种类提出维修时间，在设备发生事故前开始状态检修，从而提高企业的效益。

（5）可以掌握设备状态，促进安全生产。通过状态检测，可以有效掌握设备状态，根据经验做出事故预测，并在事故发生前进行预防。

新加坡新能源电网有限公司，一方面摒弃了定期检修、到期必试的传统，节约了大量维修成本，提高了供电可靠性，提升了运维效率，例如，通过开展状态检测与维修，GIS 维修周期延至 12 年，取消变压器本体和电缆维修周期，变压器有载调压开关维修周期延至 12 年等；另一方面，通过状态检测，及时准确地发现设备大部分的隐患和缺陷，做到有的放矢地跟踪、分析和处理，真正做到防患于未然，减少了事故发生。在状态检测与状态检修管理上，该公司突出形成了以下特点：

（一）状态检测管理

（1）建立完整闭环的工作体系。建立了完全基于PDCA循环的工作体系。首先通过设备运行记录、故障缺陷统计和老化趋势分析，对全部主设备进行状态评估，根据设备重要性和技术经济比较，确定状态检测的范围，接着对这些设备进行测试，并通过对测试结果的初步分析判断、确定需要密切监测的设备，最后分析故障趋势，决定维修策略。

该公司开展状态检测，并不是要盲目取消定期试验，它是基于风险的设备状态检修管理。该公司建立了科学的管理流程与设备状态评价体系，状态检测工作得到了管理层的果断决策和持续推动。

（2）建立了良好的组织机构。将想的人和做的人分开，想的人负责研究与引进检测技术，制定标准、规程，进行数据管理、状态诊断评估与决策、对内技术培训和对外技术交流等；做的人负责日常状态检测工作，疑难问题共同解决。

（3）建立了良好的技术标准体系。状态检测及状态检修各类技术，管理标准如状态检测周期、检测与检修技术、管理规定等所有的技术文件在使用过程中不断持续改进，通过不断滚动修编，满足工作需要。

（二）状态检测流程

该公司在推进状态检测方面，①根据检测的目标来确定需要引进的技术；②善用有效资源，合理地运用已有技术来检测设备，来达到监测目标的最优化。

在状态检测的流程方面，该公司首先是通过试验数据，对主设备进行状态评估，确定需要重点开展状态检测的设备范围；其次是根据状态信息采集需求，从在线监测、带电检测、离线测试、巡视检查方面对设备进行数据收集，输入专家系统；然后是专家通过对状态信息的分析判断，包括与历史数据的纵向比较、与同类设备的横向比较、基于标准阈值、基于专家系统的分析判断等，做出设备状态评估与决策，整改有缺陷的设备，预测设备检修周期，制定设备检修或报废计划，制订下一步的维修策略，形成循环往复的闭环流程。

（三）状态检测主要技术

该公司形成了局部放电检测、油气色谱分析和机械特性检测三大核心技术。在局部放电检测方面，采用了超高频局部放电检测、地电波局部放电检测等多种有效地方法；在油气色谱分析方面，采用了关键气体法、比值法、IEC三角形法、趋势法等，开发完成了绝缘油数据挖掘与分析综合系统；在机械特性方面，采用了机械运动特性法和电流波形法。

（1）超高频局部放电检测。一般是在GIS内部放置传感器，再用便携式仪器测量，除了把超高频应用于GIS监测，也用于变压器局部放电的检测。

（2）高频TA局部放电测量仪器。主要用来监测配电电缆、输电电缆的局部放电，对有接地线的设备，也可以用这种方法来测到局部放电信号。

（3）地电波局部放电检测设备。主要用来检查开关柜里面是否有局部放电，这个局部放电产生的电磁波，会随着一些缝隙渗透出来，通过相关的仪器检测就可以将局部放电检测出来，为开关柜绝缘状态的判定提供好的检测方法。

（4）超声波局部放电检测设备。主要用来检测设备是否存在爬电、电弧等放电信号，该方法对检测爬电、电弧放电非常有效。

（5）电缆振荡波局部放电检测设备。对接头状态评估非常有用，非常适合用在新电缆竣工前的投产验收和老旧电缆报废前的老化评估。该方法对于新电缆的检测效果较好，对配电电缆的检测也非常有效。

（6）油气分析技术。油气分析技术是比较传统的分析方法，该公司主要在数据管理和专家系统方面做得较好，开发了基于多种技术的油气分析管理数据库。

（7）机械特性测量技术。该公司在非电量等参数的状态监测方面做得较好。断路器机械特性监测主要使用了“机械运动特性法”“电流波形法”两种诊断方法。通过监测断路器脱扣和合闸控制线圈的电流来检测断路器的机械特性，为我国电网高压断路器的维护、机械特性测量提供了好的思路。

（四）信息化管理

该公司所有的设备状态信息通过在线监测、带电检测、离线测试和巡视检查等手段进行采集，进入状态信息数据库。数据库通过资产明细表与设备维护数据库，设备缺陷、故障数据库进行关联。该公司试验数据信息化有以下特点：

（1）定位高。将信息系统作为关键业绩指标（KPI）的关键因素进行考核。

（2）通过统一的设备代码，紧密连接整合各类系统。状态检测系统及专家分析系统与电网 SCADA 系统、地理信息系统等各类系统紧密相连，通过后台进行数据交换。通过统一的电网设备代码，使各相关系统相互连接。如地理信息系统实现电网设备的地理位置和设备连接信息关联，同时也可以通过调用网络管理与用户服务系统以实现网络资产的详细资料。

（3）将生产流程固化到信息系统，确保数据真实、准确且来源唯一。信息只需输入一次，各部门即可共享。电网资产信息（包括规划设计、工程建设、生产运行、实时监控、状态检测数据等）可以通过地理信息系统显示，无需重复录入，并且设置了标准的填写界面，自动校核数据。

（4）地理信息系统功能强大。系统覆盖了不大于 400kV 的全部一次设备，对电网资产的位置和重要信息提供及时显示，有效支持生产运行维护。

（5）设备台账简明扼要。一次设备以间隔为单位，以设备代码和地理位置为表征。一台变压器就是一个设备，只要变压器本体还在，无论换了风扇、油泵、套管、线圈和任何辅助设备，都可以通过相关记录反映在信息系统，极大简化了固定资产管理和设备台账。

三、我国与国外的差异及原因分析

通过与国际先进供电企业的对标，可以看出我国电网企业状态检测与国外的差异性及其原因归纳如下。

（一）外部环境因素差异

由于我国国情与西方发达国家不同，电网正处在不同的发展阶段，加上历史性的原因，使我国电网高压设备状态检测模式与国外不完全相同。西方发达国家由于大规模、远距离输电已经完成，其电网建设普遍很完善，设备入网质量管理比我国更严，因此运行中对单个设备可靠性的要求相对不高。在选择状态检测模式的做法方面，这些国家更加注重系统的整体可靠性，对设备绝缘量监测的重视程度远不及我国。因此，这些国家例行的状态检测项目中，停电试验的项目很少。而我国正处在大规模输电技术发展时期，特高压建设和远距离西电东送已初具规模，建成了世界上规模最大的交直流互联电网，安全稳定运行面临的压力较大。因此，相对而言我国更注重设备安全，在预防性试验的做法方面比较保守，也更注重绝缘参量的监测。

由于我国人口众多、土地偏少、资源紧张，电网企业可持续发展的压力大，走资源节约型、环境友好型道路无疑是电网企业今后的努力方向。我国的电网企业不可能，也不应该像西方发达国家那样普遍地实现 *N*-1 或 *N*-2。尤其是大型城市电网，由于城区负荷集中，电网建设难度很大，居民环保意识加强，拆迁难，使我国电网设备普遍的运行工况要比西方国家恶劣，应通过有效的状态检测确保设备安全。同时，其中不合理的成分应逐步通过优化加以完善，逐步建立适合国情，与现代电力企业目标定位相一致的新型状态检测体系。

（二）对可靠性要求及以“用户为中心”服务理念方面的差异

国际先进供电企业普遍对供电可靠性赋予了严格的要求，或者通过电网建设、入网质量的管控确保了供电可靠性提高，或者通过逐步建立以状态检测为中心的状态检修体系确保了供电可靠性提高。而我国电网企业在大力促进观念转变，真正树立以用户为中心、以供电可靠性提高为目的的理念，一切工作围绕上述观念来开展方面还有差距。如新加坡十分重视配网设备的状态检测，其状态检测的力度、投入成本大多集中在配网设备，已建立了完整的配网设备状态检测数据库，并与地理信息系统关联起来，有一套完整的测试队伍；而目前我国配网设备状态检测工作刚刚起步，相比之下存在较大的差距。从深层次原因分析，实际上就是对可靠性要求及认识方面差异的体现。

新加坡新能源电网有限公司之所以在配网设备的状态检测上投入大量人力物力，其中一个很重要的原因是与该公司供电用户的“负荷特性”有关。该公司的供电用户均为微电子或生物制药等高新技术企业，对电能质量的要求十分严格，配网设备的事故、故障造成的电压暂降等问题，对电能质量的影响较大，因此该公司在配电网络十分健全的基础上还要大力开展状态检测，这实际上是以“用户为中心”服务理念的真实体现，这也是值得我国供电企业普遍借鉴的地方。

（三）成本控制方面的要求及差异

西方国家电力企业市场化改革早于我国，其市场化程度高，电量增长已趋于饱和，成本控制要求较高，因此，这些国家在供电可靠的基础上十分注重投资回报率，追求高经济效益，其状态检测和设备维护的投入要远小于我国，设备检修以状态检修为手段，有效控制维修成本，其许多经验值得我国借鉴：

（1）对重要用户、重要资产、重要设备开展了重点监测，树立了用户为中心、重要资产为重点的监督模式，通过“差异化”的运维模式，既确保了可靠供电，又最大限度地降低了投入费用。

（2）状态检测以带电测试、在线监测和远方监控为主，只在需要进行设备缺陷、故障的综合诊断时才进行停电试验，而我国多数企业仍以停电试验为主，在带电测试替代停电试验方面比较谨慎。

（3）状态检测十分务实，只对监测效果好、投入产出率高的诊断项目开展监测，对一些意义不大项目基本不进行。而我国预防性试验规程修编滞后，很多供电企业把预防性试验作为一种免责手段，造成监督效果分散，不能集中力量进行一些关键设备、关键技术的监督。特别是一些企业在缺乏充分的系统调研、理论支持和试点应用的前提下，就盲目开展大规模的实践，如大规模推广技术还不成熟的在线监测系统等，造成了不必要的资金浪费。

上述问题实际上反映了我国电网企业成本管理的意识，还没有真正贯彻到设备运维的整个过程之中。

（四）资产管理方面的要求及差异

我国电网建设近年来取得了飞速发展，主网装备水平和质量已接近或超过了发达国家水平，但输变电设备管理一直沿用传统的基于职能部门分工的“条块化”、“分段式”管理模式，重技术管理，轻资产管理，导致管理过程和目标不统一，评价体系粗放，使资产利用率与国际先进水平有较大差距。虽然，我国近年来已普遍开展状态检修工作，但主要维修策略仍是以定期维修周期适度调整为基础，缺乏行之有效的贯穿设备全生命周期的可靠性监管技术，对可靠性管理范围、目标、指标和流程尚未达成共识，不能完全满足状态检修的要求。

我国传统的预防性试验制度主要集中在设备运维阶段，该制度体系并没有真正地与资产管理进行有效地关联与挂钩，而国际先进供电企业则将状态检测成果应用于资产全生命周期的各个环节。从资产管理的角度看，设备的事前监督、运行中检测、改造和报废评估试验等各环节采用了统一的管理策略和管理标准，最大限度地提高了资产效率，确保了全局最优。这些企业资产管理策略的核心是掌握资产状况并准确评估资产更新、维修和继续运行的成本，其资产信息资料、各种历史数据齐全，可以有效支撑资产管理策略的确定。

例如，按照资产全生命周期的理念，主要设备应建立全过程管理档案，从设计选型、施工、运行状况进行定量、定性地分析和评估，并有针对性地采取措施。国外电网企业状态检测数据库普遍十分完善，注重历史数据和缺陷故障的积累，并且每种数据库都有专职人员进行维护和监控，可以随时查阅多年的运行数据、设备管理数据，而我国在这方面的管理差距很大。

再如，西方国家在变压器等关键设备的报废方面十分严格，其设备报废需要提供详细的检测报告、评估报告，变压器等关键设备的使用寿命一般为 40 年左右，而我国变压器等关键设备的平均使用寿命仅为 20～25 年，资产报废的随意性很大。这些均是我国电网企业对资产管理要求不够严格所致，同时也对今后我国的状态检测与评估工作提出了更高要求。

第四节　状态检测体系建立的目标、方法和阶段任务

目前，状态检测技术正处在迅速发展中，新型状态检测体系的概念与内涵也处在不断拓展和挖掘中，并且数字、智能电网的建设已经成为当今电网发展的方向和热点研究问题，因此，可以预见状态检测体系的建立将不可能一蹴而就，必将经历一个长久过程。

为此，可以根据现有诊断技术的发展现状，将状态检测体系的建立划分为初级阶段和高级阶段，并针对每一阶段赋予不同的建设目标与阶段任务。

一、初级阶段的目标、方法和阶段任务

（一）阶段目标与方法

初级阶段主要研究并提出一种先进的、适合国情的、可大规模推广的电网设备状态检测工作模式、管理范本，并进行实践论证。应重点研究预防性试验

管理模式从以往 “注重设备安全的单一目标”到“基于可靠性、经济性、有效性等多目标趋优”转变的可行性，提出并建立一套集“不停电测试、设备维护及综合诊断评估试验”于一体的新型状态检测体系，建立实施方案和运维策略。

其中，可靠性要求新的管理模式，一方面要尽可能少占用停电时间，尽可能减少计划停电时间，另一方面要提升检测效果，降低事故概率；经济性要求新的管理模式投入成本要低、生产效率和投资回报率要高；有效性要求新的体制，在确保现场可操作、不降低监督水平的前提下，尽可能提升设备监管的效果。

初级阶段的建设思路和方法包括 3 个方面：①在对传统预防性试验项目及管理体制进行客观评估的基础上，通过管理与技术创新对传统模式进行改进，达到减少停电试验次数和时间、提高生产效率的目的；②系统引进、开发先进的带电（在线）检测技术、状态评估技术，并开展利用带电测试技术延长或替代定期停电预防性试验的可行性研究；③通过创新，提出新型状态监测体系可能的运维模式和管理策略。

初级阶段具体的研究目标和内容包括以下 5 个方面。

（1）预防性试验管理模式转变及新型状态检测体系建立的若干基础问题研究。主要包括，常规预防性试验项目的有效性评估与研究；现有带电（在线）检测技术的有效性评估与研究；不同设备带电、在线检测方案的选择及其技术经济比较；利用带电（在线）检测技术延长停电试验周期的可行性研究；在线检测技术的应用策略研究；设备寿命预测与评估技术研究等。

（2）我国现今和未来一段时间电网设备新型状态检测体系可能的管理模式、组织体系与技术方案。主要包括，资产全生命周期管理对状态检测的需求分析；输电、变电及配电设备状态检测技术的管理模式、组织体系；带电（在线）检测仪器设备的配置原则及相关的管理流程、岗位设置、管理制度、技术标准；新型状态检测体系的运维策略、评价标准等。

（3）预防性试验管理模式转变及新型状态检测体系的应用实践。结合国情，找出我国电网设备预防性试验管理模式转变的主要领域或发展方向，研究预防性试验管理模式从停电试验为主、带电测试为辅到带电（在线）检测为主、停电试验为辅转变的可行性并进行实践。

（4）新型检测体系及其管理模式对未来电网设备、系统安全影响的评估。比较新旧两种状态检测模式对电网、设备安全之间影响的差异程度，评估其风险大小，分析延长设备停电预防性试验周期后可能诱发设备及电网事故的概率等。

（5）新型检测体系及管理模式建立带来的经济效益分析。从可靠性、经济性、有效性等多方面比较电网新旧两种状态检测模式之间对比的效益分析。

一套完整的工作体系包括技术体系、标准体系及管理体系等多方面，为明确每一领域的阶段任务，可以通过对原有模式的技术与管理创新，将阶段任务串联起来并形成最终的集成目标，显然，这一目标建立在多项子课题研究基础上。

（二）阶段任务

初级阶段的主要任务是对传统的预防性试验体制进行改革和创新，在确保设备监督效果良好、电网及设备安全稳定运行的前提下，通过转变管理模式逐步建立与现代电力企业要求相一致，以状态检测为中心的状态检修体系。

1. 推进并实现预防性试验管理模式的转型

主要应推进并实现以下 8 个方面的转变。

（1）从事中、事后监督为主到事前监督为主的转变。通过大幅度加强设备入网抽查、设备选型、出厂监造、现场交接验收，确保入网设备质量。

（2）状态检测目的从注重设备安全的“单一目标”向“多目标趋优”的转变。不仅要考虑检测模式对设备安全的影响，还要兼顾对供电可靠性与系统安全、状态检修支持力度、投入成本等因素的影响并进行综合优化，从中选择相对合理的管理模式。

（3）从关注“设备安全”向关注“系统安全”转变。引进并掌握以可靠性为中心的设备检测及运维模式，结合国情进行适应性改造，在不降低电网整体可靠性的前提下，实现状态检测模式的风险、成本及能效最优。试验与调度从申请停电与批准停电的关系向主动适应电网风险需要调整监测策略的转变，通过有效、有针对性的状态检测支持电网优化运行，提高风险防范能力。

（4）逐步从“统一”的试验周期向“差异化”的试验周期相转变。重要联络线路、重大资产设备、不同类型供电用户试验周期不同，设备不同阶段检测周期不同。结合资产管理需要，大幅度加强对老旧设备的残余寿命管理。

（5）从分散申请停电到检修、试验、继保等多专业利用综合停电机会共同开展设备维护模式的转变。通过流程优化和过程控制，精简不必要项目，逐步建立检修、试验、继保等多专业分工合作、共同作业的工作模式。

（6）逐步从停电检测为主（含维护检查）、带电检测为辅（含巡视）的管理模式到基于“带电检测为主，结合设备维护、综合诊断及老化评估试验”的检测模式的转变。包括，大力引进、研发有效的带电测试新技术并进行现场应用研究，有效提升检测效果。开展利用带电测试新技术延长停电预防性试验周期或替代停电预防性试验的实践。提出涵盖带电测试、巡视、维护试验、维修、诊断及老化评估试验于一体的综合性技术规程。通过对传统停电预防性试验方法的完善与改进，有效减少设备停电试验时间和停电试验次数。

对现场停电试验、带电测试、维护保养、巡视等各类检测模式进行统筹优化，以较小的停电、费用代价，实现较优的监督效果。试验类别主要指，例行检查指对设备进行的状态检查，包括各种简单保养和维修，如断路器机构检查、污秽清扫、螺丝紧固、防腐处理、自备表计校验、易损件更换等。巡检是指为掌握设备状态进行的巡视和检查，包括结合巡视开展的带电测试。例行试验是指为获取设备状态量，评估状态，定期进行的各种带电检测和停电试验。诊断性试验是指已初步发现设备状态异常，或经受了不良工况，或受家族缺陷警示，或连续运行了较长时间，为进一步评估设备状态进行的试验。

（7）结合资产管理需要，大力加强设备寿命评估试验。建立设备寿命预测方法和评价模型，准确判断和把握老旧设备的寿命状况，根据评估结果决定其运行、维护、更换策略，实现资产价值的最大化。

（8）积极稳妥地开展在线监测技术的试点。在综合分析电气设备绝缘在线监测的原理、方法，以及目前各种方法优缺点的情况下，对不同监测参量对电气设备整体绝缘的影响程度进行评估，比较分析不同监测方法的优缺点，提出合理的监测方案。研究在线监测数据及参量应用于设备状态检修的基本原则、如何评估设备的绝缘可靠性，并应用于设备检修。

2. 大力加强带电（在线）检测技术标准体系建设

与传统停电预防性试验体制不同，目前开展的新型带电（在线）状态检测技术尚没有完整的、配套的标准支撑体系，给现场诊断带来了较多的不确定性，特别是多数以局部放电测试为手段的检测技术普遍需要较高的知识水平和现场经验，不利于一般试验人员使用。此外，这些检测技术普遍没有现场校准及灵敏度测试方法，仪器设备的选用也缺乏通用的技术标准，因此开展配套的技术标准体系建设是大规模推广这些状态检测技术的前提和基础。

从现场应用的实际需求情况看，输变电设备状态检测系列技术标准主要包含如下 12 类：

（1）状态检测仪器（装置）选取原则、关键技术指标、配置标准及规范。

（2）状态检测技术性能验证平台及灵敏度校验方法与标准。

（3）状态检测技术典型缺陷图谱库。

（4）状态检测技术现场测试技术导则。

（5）状态检测技术现场作业指导书。

（6）状态检测装置现场安装、验收及维护技术规范。

（7）在线监测装置数据接口及通信技术规范，包括多变电站、多电力传输线路和配电网数字化监测系统数据通信网络和标准通信协议、规约等。

（8）输变电设备巡视或维护规程与保养手册、基于新型状态检测技术的电力设备预防性试验规程。

（9）状态检测装置与设备入网检测技术规范。

（10）基于带电（在线）检测技术的设备状态评价技术导则。

（11）各类在线监测系统的电磁兼容及可靠性技术标准。

（12）状态检测技术的技能评价标准。

3. 建立与状态检测体系相适应的管理体系

完善的组织体系是开展状态检测及检修工作的重要保障。应逐步结合以状态检测为中心的状态检修体系建设完善相关规章制度，确保状态检修开展。

（1）将状态检修与资产全生命周期管理理念相结合。逐步将状态检测范围扩大到覆盖资产全生命周期各个阶段，扩大到主、配网输变电所有设备。实现从设备入网检测、现场交接验收、运行中状态检测、故障诊断，到设备退运报废鉴定等全过程覆盖。通过引入设备寿命评估机制，建立寿命定期评估—寿命决策制订—决策实施的设备管理模式，建立基于资产全生命周期成本分析、设备状态诊断和系统风险评估相结合的管理体系。

（2）确立带电测试管理新模式。对状态检测岗位设置和运作流程进行调整，在组织结构体系上确保状态检测覆盖到输电、变电、配电各个环节，确立运行维护单位与专业试验单位分工明确、各有侧重，共同承担现场试验任务的工作模式。其中，常规简便、易行的带电测试结合巡视开展，重大带电测试技术由专业机构负责。

（3）进一步加强带电检测专家队伍建设。建立专业化的带电检测专家队伍，完善技术岗位的配置。运行单位设立专职或兼职带电检测管理岗位，加强状态检测队伍的人才培养。

（4）建立完善的状态检测技术培训管理模式。提出并建立一种适应带电（在线）检测技术培训、考评及技能鉴定需要的新型培训与评价工作体系。

（5）明确基于绩效的管理体系与流程。建立相应的业绩评价指标，完善绩效考核和相应的管理体系，建立并完善后评估机制。

4. 建设准实时数据采集系统和统一的通信平台

统一的通信平台是一次设备数字化、信息化、智能化建设的基础，要求结合数字电网建设提高底层关键设备状态数据的采集能力，同时也要求建立统一的时钟同步网。

为确保准确无误地采集状态数据，应建立统一的在线监测评价体系，并对相关的监测方法进行规范和统一。

统一的通信平台是数据传输的物理平台，包括覆盖整个电网的光纤主通信通道和基于电力载波、微波、GPRS、CDMA 等其他通信技术的辅助和备用通信通道。利用该平台，可以建设相关的数字通信网络和时钟同步网络，为“数据共享平台”提供坚实的基础通信平台。在线监测系统需要的通信平台应在整个“数字电网设备监测体系建设”框架下统筹考虑。

5. 推进监测数据从分散管理到集中管理的转变，建立基于统一公共数据模型（CIM）、各类状态信息高度融合的数据共享平台

电力系统的快速发展要求电网企业的各类状态信息及数据必须高度融合，

不允许信息“孤岛”出现。目前，一般的供电企业都存在多套信息系统，如生产信息系统（MIS）、设备管理系统、调度自动化系统、在线监测系统等。由于不同系统对于数据的表示存在着不同方式，因此必须建立基于公共数据模型（CIM）的数据共享平台，实现不同系统之间数据格式的转换，保证数据的无缝共享。只有在数据高度共享的基础上，所有的分析、调控和高级应用才可以针对统一的数字化模型来进行，才可以开展相关的智能化工作。在线监测系统需要的公共数据模型同样应在整个“数字电网”框架下统筹考虑，IEC 61850：2003《变电站通信网络和系统》和 IEC 61970：2004《能量管理系统应用程序接口（EMS-API）》的出现为统一公共数据模型打下了基础。

（1）变电站一次设备。结合“数字化变电站”建设，筹建电网企业全景数据平台，集成分散在不同数据库的监测数据，为每台重要设备建立类似“病历”的健康状况档案，综合巡视、停电试验、带电测试、检修、事故调查等数据于一体，通过生产信息系统（MIS）、地理信息系统（GIS）等将状态监测数据整合到统一信息平台上，实现状态信息的可视化。将数据共享平台中的设备状态数据与虚拟变电站中一次设备对应关联起来，可以实现点击设备的虚拟“可视”图形，就能直观看到设备的状态信息数据及其健康状况变化趋势图，实现状态数据的直观展示。

有效获取设备状态信息的手段是多种多样的。现阶段，主要包括例行检查、巡检、运行工况监测、带电（在线）检测、停电例行试验、家族缺陷收集、停电诊断试验等形成的设备状态信息链条。巡检是其中一个重要组成部分，巡检记录应该作为状态信息的一部分，与各类信息汇集在一起，实现从以往状态检测数据分散管理到集中管理、全景可视化展示的转变。

（2）高压输电线路。我国电网企业输电线路管理已实现了雷电定位、气象环境在线监测、线路覆冰监测、线路视频监测、架空线路温度在线监测、电缆光纤测温、电缆隧道视频监视、移动目标监控、事故抢修快速管理等系统的集成。但这些应用各自独立，需要建立一个一体化平台将各种信息集中起来，统筹分析利用，同时建立输电线路应急响应系统，实现全方位的监控及管理，确保线路安全运行。

可以利用现有成熟技术，将已有的监控系统信息集成在一体化平台上统一分析处理，建立集中数据库、规范数据接口、统一展示平台，实现基于地理信息系统（GIS）技术、全球卫星定位（GPS）技术的输电线路状态信息的集中管理、分析、展示，并为建立线路应急指挥调度系统等打下基础，将粗放型、关注过程的传统管理模式向专业化、精细化、规范化、关注结果的新线路管理模式转变。

建立输电线路远程监控中心可以分为两步实现，第一步是利用现有成熟技术，将输电线路的实时监测和监控信息集中采集、管理，建立输电线路可视化的数据共享平台；第二步是在信息集中的基础上实现设备状态预警、应急指挥调度、应急资源支持、资产管理等高级应用功能。

（3）配网设备。地理信息系统（GIS）是应用计算机技术，运用系统工程和信息科学理论，科学管理和综合分析具有空间内涵的地理数据，提供对规划、管理、决策和研究所需各类信息的系统。

在供电企业的信息化建设过程中，GIS 扮演着越来越重要的角色。借助 GIS 的重要技术，即“电子地图”在公用事业（Public Utility Industries，PUI）领域应用的信息化专用技术，可以利用 GIS 数据建立配网设备的数据平台和监控中心，作为配电设备状态监测、配网自动化和配网管理的一个共享基础平台，实现各类数据的集中管理和展示。

二、高级阶段的目标、方法和阶段任务

（一）阶段目标与方法

高级阶段主要结合智能电网建设需要，通过物联网技术和智能一次设备关键技术的融合，达到输变电关键设备的可控性、可观性、数字化、信息化目的，最终实现设备管理的自动化、智能化，为设备的智能管理和科学决策打下基础。

该阶段建设将实现状态检测、状态检修与智能电网建设的高度结合。围绕智能电网建设对设备智能管理的总体需求，结合“智能化变电站”“智能化输电线路”“智能化配电网”建设，实现设备健康状况的自我监测与预诊断、设备检修、风险管理策略的预生成，达到设备管理智能化的最终目的。

（二）阶段任务

1. 结合智能电网需求开展关键技术专题研究

研究基于智能电网的设备状态检测、状态评价、故障诊断的实现方案和关键技术；研究传统变电站设备智能化的实现途径和关键技术；研究基于智能设备的变电站状态检修综合管理系统的技术要求和功能；结合变电站集中控制、集约化检修的发展趋势，研究基于智能设备的变电站状态检修的综合方案及关键技术；研究大数据用于输变电设备状态，评估、故障诊断、寿命预测及电网风险防患的关键支撑技术。

2. 研发智能一次设备，实现健康状况的自我监测与诊断

智能化一次设备能适应智能电网发展需要，既能够以数字方式提供主要关键设备的状态信息，也能够被数字化的方式加以控制。通过利用信息技术的各种最新成果，从根本上对高压设备的功能和实现功能的方式进行评审、拓展和改进。智能化一次设备以测量数字化、控制网络化、状态可视化、功能一体化、信息互动化为特征，具备自我描述、自我诊断，以及自动控制功能等。

智能化一次设备将可能根据系统实际工作环境与状况，对操作过程或设备自身状态进行自适应调节，使控制过程与设备状态最优，例如，智能化断路器可实现智能控制，通过自适应开断，获得最佳效果，从而延长断路器寿命；能选相合闸，减少涌流，降低过电压；能选相分闸，从而提高断路器的实际开断能力等。

3. 实现设备状态检修及风险管理策略的预生成

定期检修—状态检修—基于可靠性及风险的设备维修是设备维修发展方向。智能电网将可能依据基于电网、环境和设备监测大数据的状态评估结果实现状态检修及风险管理策略的初步自生成。为此，需要完成基于智能设备的状态检修综合方案设计，实现对一次设备状态的在线分析、在线评价、在线诊断和后台显示监视，以及远方的智能控制等；实现设备历史数据、运行状况，以及检修的工期、费用、风险等多信息融合，给出安全、可靠、经济合理的检修方案。

理论上变电站只能有一个“大脑”，故设备维修及检修的专家系统可直接

固化在变电站自动化系统中，通过综合自动化系统实现检修策略的自我生成。

4. 实现监测系统与运行及资产管理系统的高度融合与关联，为电网最优运行及资产最优管理奠定基础

状态监测系统是智能电网的关键系统之一，为了使该系统使用的最优化，应强化该系统与其他系统之间的关联，如，与调度决策控制系统的关联、与资产全生命周期管理系统的关联等。通过关联可以使调度系统及时对电网可能出现的意外进行预测分析，从而为紧急控制赢得时间，确保系统安全稳定，同时可以实现资产的最优管理。

5. 建立智能一次系统的组织架构和标准规范体系

结合未来智能电网建设需要，建立与智能一次系统管理相适应的组织架构和标准规范体系，确保设备管理数字化、信息化、智能化建设得以实现。

第三章

状态检测体系的关键支撑技术

现代电网企业设备管理对状态检测体系的建立提出了更高要求。通过状态检测体系的建立，可以促使设备管理由“粗况式、经验型”管理到“精细化、半定量化”管理的转变。在新体系建立的过程中，需要了解设备故障率计算模型、状态检测收益率计算模型、设备风险损失评估计算方法与模型等基础知识；需要带电测试、状态评估及寿命评估等关键技术的支撑；需要对各类检测技术进行技术经济比较，以确定最优配置方案；需要对新体系建立的关键技术专题进行集中攻关，期待在某些方面取得实质性进展。近年来，我国很多大型供电企业相继开展了这方面的探索和实践，积累了大量的宝贵经验，本章将就这方面的进展做一个系统综述。

第一节　电网设备故障率计算模型与方法

电网设备状态检测是整个设备运维过程中的一个子环节。现代电力企业在选择状态检测模式时，十分看重其对资产管理的实际作用，期望能以较小的投入实现最优的投资回报，因此，在选择设备状态检测及运维模式时，应根据设备及电网的可靠性要求、故障后果，制订状态检测、运维策略。在对设备故障后果进行评价、分析的基础上，综合出一个基于可靠性、经济性、有效性等多目标优化后的检测、维修策略。

电网企业的设备种类很多，由于其重要程度不同，因此，应根据可靠性分析的结果，采取不同的检测和维修策略。对于可靠性要求高的设备，所需要的检测项目必然较多，检测精度、维修频率必然较高，适宜开展以可靠性为中心的检测和维修模式。对于可靠性要求低、故障影响小、价值低的设备，采用故障后维修可能比状态检修更为经济。对于自身可靠性低的设备，运行单位要投入更多的人力加强检测和维护；而对于自身可靠性高的设备，则要适当减少检测和维护，以降低运维成本。而对于某些对系统功能影响很小的部件，采取事后维修或更换的办法则更为合理、经济。

设备的可靠性与状态检测和维修密切相关，可靠性低的设备必然导致可用性降低和检测、维修频繁发生。状态检修就是要在了解设备健康状态的前提下通过检查、维护、修理乃至更新，以最小代价保持或促使设备恢复到固有可靠性水平，为此，需要对设备的故障率计算模型和方法有一个初步了解。

一、基于 Weibull 统计的设备故障率计算方法

电网设备在整个服役期间，故障的发生概率与运行时间、运行环境和方式、维护模式之间存在一定的客观规律。根据大量统计结果，可以将设备故障率与运行寿命的关系绘成曲线，其形状为两边偏高、中间平坦的“U”型曲线，这就是众所周知的“浴盆”曲线，如图 3-1 所示。

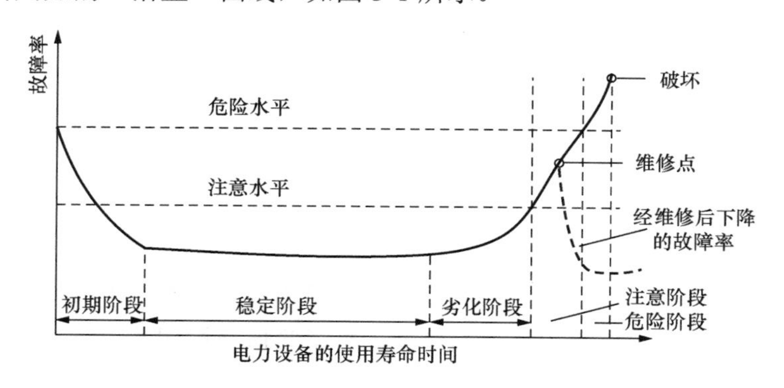

图 3-1　设备故障率与运行寿命的关系图

在设备服役期限内，一般可以将其故障率分为初期故障率、稳定期故障率、老化期故障率三个阶段。对于发电机、变压器等大型电力设备，投运初期，由于各部件需要有一个“磨合”过程，设计、制造、运输、安装、调试过程中遗

留的一些问题也将逐渐暴露出来，同时，运行维护也有一个逐步适应期，所以故障率较高，加之设备内外部结构的合理性、材质的稳定性及处理工艺的可靠性等因素影响，初期的故障率会增加。一般，经过数十天至半年不等的一段时间后，随着暴露问题的处理，运行人员对设备性能的熟悉和掌握，故障率会逐渐降低并进入稳定期，一般为15～20年。在服役后期，则由于材料老化现象明显，设备绝缘性能、密封性能等将逐步下降，故障率会明显呈上升趋势。

数学上通常用威布尔分布及正态分布拟合“浴盆”曲线，即将变换后的数据绘在威布尔概率纸上并用最小二乘法估计参数，用来预测设备在不同运行年限下的可能故障概率。该方法以一定的统计理论基础作为支撑，对于认识和推测不同运行年限下设备的故障率发展趋势，并针对性地制订运维策略具有重要意义。不足之处是，通过这种模型和方法预测的设备故障率，是基于运行时间、假定的理想运行条件而不是基于真实的状态信息得出的。运行时间相同的设备可能由于负荷、环境、保养等因素导致状态相差很大，因此，基于运行时间的故障率预测对于状态检测及状态检修工作意义十分有限，一般只用于理论分析与计算。

二、基于状态参数法的设备故障率计算方法

基于历史数据对电力设备的可能故障概率进行预测有助于评估设备在整个资产全生命周期内故障发生的可能性，但这种理想化的评估方法忽略了设备个体的差异性，混合使用了不同在运的各种电气设备的统计数据来估计威布尔分布参数。实际上，由于每台设备运行工况、负荷特性、运行环境、制造工艺、施工水平各不相同，这就决定了其故障概率受个体差异的影响较大，而这种差异可以利用“状态”这一信息量进行反映。将状态和未来发生故障的可能性联系起来是决定何时试验、检修、报废及调整试验检修周期的关键。

随着人们对设备故障预测的认识不断深入以及设备检测、综合诊断技术手段的进步，设备检修已不能仅仅根据运行年限来判断故障率，而要从该设备实际的运行状态出发，推断可能发生故障的概率，进而来制订相应的进一步检测、检修计划。理论上，设备状态越好，发生故障的可能性就越低，因而故障率也就越低，但要真正计算出准确的故障率，难度则很大。其主要原因：①现场统

计样本少，很少有电网企业能够提供足够的设备状态和故障之间的准确关联数据，使统计分析难以进行；②电网企业普遍把设备安全放在重要位置，一旦设备出现缺陷，往往马上采取措施进行消缺或更换，从而使关联数据的可信度下降。因此，目前从设备状态出发评估设备故障率基本都采用定性分析的结果。

国外在大量统计分析基础上，引入了拟合的指数分析模型，将设备故障率和设备状态信息特征量即健康指数（HI）进行了关联，从而给出一种快捷的设备故障率定量估算方法，并结合设备健康指数和缺陷进行实例分析、现场应用。

研究表明，设备健康指数和故障率之间存在着潜在的关联关系，如果将健康指数定义为 0～10 的数，0 代表状态最好，10 代表状态最差，则一般来说，健康指数上升，其故障概率也上升。近似有如下关系

$$\lambda = K \cdot \mathrm{e}^{C \cdot HI} \tag{3-1}$$

为了使其更加直观，可以将健康指数定义为 0～1 的数，0 代表状态最差，1 代表状态最好，则故障率预测模型可更改为

$$\lambda = K \cdot \mathrm{e}^{C \cdot (1-HI)} \tag{3-2}$$

其中，λ 为故障率，K 为比例系数，C 为曲率系数。式（3-2）说明，当设备状态劣化时，对应的故障概率会以指数级别增加。从电力系统多年的设备运行经验看，该公式反映的变化趋势与现场经验基本一致。式（3-2）中的比例系数和曲率系数与设备的特性有关，未知参数可通过大量数据反演计算获得。表 3-1 是已知一定量的某类型变压器设备的健康指数和总体故障率下的实际算例。

表 3-1　　2008 年与 2010 年某地变压器健康指数分类统计表

健康指数	变压器数量/台（总台数 140）	
	2008 年	2010 年
（90%，100%]	59	66
（80%，90%]	40	41
（70%，80%]	16	16
（60%，70%]	8	7
（50%，60%]	4	4
（40%，50%]	5	5
（30%，40%]	2	1

续表

健康指数	变压器数量/台（总台数 140）	
	2008 年	2010 年
（20%，30%]	3	0
（10%，20%]	2	0
（0%，10%]	1	0
故障设备台数	7	4

将表中的数据代入，*HI* 取区间的中点处值。解得

$$k = 0.0112, c = 4.51$$

此类变压器设备故障率与健康指数的关系如图 3-2 所示。

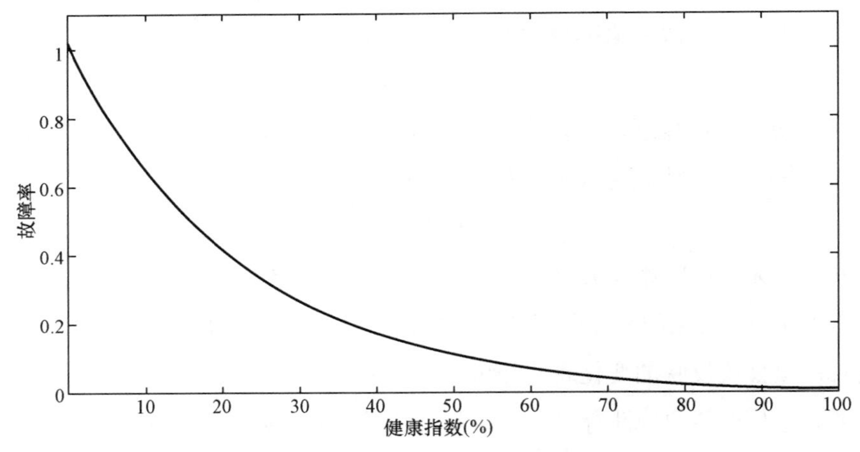

图 3-2　某类型变压器设备故障率与健康指数拟合曲线

如果统计数据的样本足够多，上式的精度还可进一步提高。当充分掌握设备状态信息（健康指数）和设备故障率的数据，就可以更准确地估计未知参数并建立更为精确的数学模型。上述计算方法和数学模型在建立设备状态和故障率方面具有重要意义。虽然模型本身不具备精确预测故障率的能力，但提供了有益思路，只要准确掌握设备状态信息，就可及早预知未来一段时间设备发生故障的可能性，从而较有针对性地制订检测及检修策略。

三、基于蒙特卡罗模拟概率分析的设备故障率计算方法

蒙特卡罗（Monte-Carlo）模拟方法也被称为随机模拟方法，其基本思想

是为了求解数学、物理、工程技术及管理方面的计算问题。首先建立一个概率模型或随机过程，使其参数为问题所要求的解，然后通过对随机变量的统计抽样试验、随机模拟来求解数学、物理、工程技术问题近似值，解的精确度可用估计值的标准偏差来表示。蒙特卡罗模拟法也被称为统计试验方法，其求解的关键步骤如下：

（1）根据计算需要选择系统输入与输出之间的数学模型。

（2）确定输入变量的概率分布。

（3）产生每一个输入变量的随机值，将这些值代入到数学模型中，计算输出值。

（4）重复步骤（3），获得一系列的系统输出数据。

（5）根据系统的输出数据计算要求的统计量，如均值、方差等。

结合设备故障率和寿命的 Weibull 分布计算方法，可利用 Monte-Carlo 模拟方法来模拟一定时期内的可能故障发生概率。计算中可以任取一个[0，1]区间内均匀分布的随机数（也可以取某一分布函数的特殊随机数）作为 Weibull 分布函数的取值，计算待求解设备的可靠性寿命 t，此时间即为 Monte-Carlo 预测的故障时间，加上前一次设备故障维修时间，便可以推测或预计下一次故障发生的可能时间。如此反复多次，即可得到设备在给定时期内的故障发生概率。如果能够求得一定时期内每年的故障发生次数，就可以根据这个时期内负荷的情况，来估计每年故障可能造成的损失，从而利于对设备的投资效益进行经济性评估与分析，为设备的运维策略制订提供支持。

蒙特卡罗法属于数学中的统计试验方法，应用起来比较直观，容易预测和发现一些平常难以预料的事故，它的不足在于为了获得较高的可靠性指标，往往需要较长的计算时间，计算工作量大。

上面简要介绍了三种典型的设备故障率计算方法。实际上，在电网企业的设备管理中，还会常用到其他的一些可靠性指标评价方法，如可用系数、运行系数、计划停用系数、非计划停用系数、强迫停运系数、计划停用率、非计划停用率、强迫停运率等，由于这些指标均有成型的计算方法，本书不再详细介绍。

第二节　状态检测的收益计算模型与方法

电网设备状态检测及维护所需费用，是资产全生命周期管理费用的重要组成部分。一种合理的状态检测管理模式，应该兼顾了经济性、可靠性和有效性。虽然现有的以停电试验为主体的预防性试验体制是提高电网安全稳定运行水平、增强其抵御风险能力的重要手段，但也日益明显地暴露出其潜在缺陷：①试验周期相对固定不变，造成故障率高的阶段由于检测不足使设备的可靠性和可利用率降低，而在稳定运行阶段导致了人力、物力、财力浪费；②在制订策略时，没有建立在对设备故障周期研究和对工况定量分析的基础上，而是盲目照搬有关标准，造成了资金浪费；③在成本控制越来越严、可靠性要求越来越高的情况下，面临转型升级的压力越来越大。因此，在设备状态检测体制的设计与优化过程中，能够根据投资的收益确定相对合理的检测模式具有积极意义。

一、状态检测的经济性评价因素

将预防性试验或状态检测看成是一种投资行为，投入是相关的人力、物力、财力费用，回报是能比较及时地发现设备潜在缺陷，避免设备事故，从而提高可靠性。从经济性角度出发，一种状态检测体制的优化和安排应保证设备及电网在预先设定的可靠性和允许的风险前提下使其运营的效益实现最大化或者说使其可能带来的投入及相关损失最小化。下面以变压器局部放电检测为例进行说明。

假定电网建成后，预防性试验发现的缺陷都能够被运行单位有效掌握和及时检修处理，则折算到单台电力变压器局部放电检测项目可能的投入及事故风险费用 F_{PD} 为

$$F_{PD}=C_1(T)+C_2(T)+C_3\cdot P(T,HI) \tag{3-3}$$

式中：$C_1(T)$ 为局部放电检测投入费用，与投入成本、周期 T 及人员费用有关；$C_2(T)$ 为局部放电检测发现缺陷消缺及检修费用，与投入人员和检修费用有关；C_3 为变压器局部放电缺陷故障可能带来的损失，包括自身损失、社会损失等；$P(T,HI)$ 为变压器两次局部放电检测之间可能发生事故的概率，

与周期 T、消缺情况及设备健康状态信息 HI 有关。

根据以上各项可推测出变压器局部放电检测带来的潜在收益 M 的计算方法

$$M=C_3-C_1(T)-C_2(T)-C_3\cdot P(T, HI) \tag{3-4}$$

需要说明的是，式（3-3）仅仅是变压器局部放电单项检测项目企业可能面临的投入和事故风险费用。由于变压器有诸多的检测项目试验，如套管介质损耗试验、绕组直流电阻测试、绝缘油色谱分析、红外热成像检测等，因此，实际的费用应该是各个项目费用的总和。从状态检修优化的方案看，在变压器处在可以接受的最低可靠性和风险概率的情况下，电网企业希望该成本能趋于最小化。

同样，式（3-4）状态检测项目的收益也应该为变压器各个检测项目的收益总和。无疑，在可靠性及风险可以接受的大前提下，我们期望这一数值能够趋于最大化，即 M 趋于最大值。

可见，状态检测或预防性试验的投入、消缺费用，以及设备因检测不到位造成的停运损失是决定状态检测经济收益的关键因素。检测基准周期的不同、检测项目的有效性、检修情况的不同、投入的人员及设备费用都会影响这两项成本。状态检测收益的总和可能随着周期的变长先上升然后下降，呈现“n”型，因此，一定存在经济上最优的状态检测周期。

二、状态检测收益各因子计算方法

以式（3-3）中各因子为例进行说明。

（一）状态检测投入费用 $C_1(T)$、$C_2(T)$

在进行状态检测收益的经济分析时会遇到两类费用，一类是一次性支付的费用，如购买检测设备的投资费用、检修设备投资费用等；另一类是按年度支付的费用，如设备维修费用、折旧费用、人员费用等。考虑到第二类费用因通货膨胀而造成贬值，这两类费用必须进行折算才能综合比较。实际上，对于同一类的试验费用，发生在不同年份，即使数额相等，其实际的现金流价值也不同，不能简单地加以运算和比较，需要按货币的不同阶段时间价值分类并折算。

考虑到货币的时间价值，未来 1 元钱的价值必然小于现在 1 元钱的价值。若年利率为 r，则 T 年后 C_0 元钱的价值为 $FV = C_0(1+r)^T$，这里的 FV 即为终值。反过来，现值是将未来的货币折算到现在，T 年后 C_0 现在的价值为

$$PV = \frac{C_0}{(1+r)^T} \tag{3-5}$$

这就是现值的概念，其中 r 为贴现率。当只考虑货币的时间价值时，r 为无风险利率。但大多数项目是有风险的，现金流仅是预测值（一种期望值），这时相应的贴现率必须提高以满足风险方面的补偿。上述计算方法，包括本书未提及的净现值方法可参考相关经济学领域货币分析书籍，此处不做详细论述。

将局部放电检测一次性投入费用、每个间隔周期的支付费用及检测周期统筹考虑在内，就可以计算出投入费用因子。

（二）两次检测间隔期间设备事故概率 P（T，HI）计算方法

假定某检测项目两次状态检测的间隔周期为 T，则该间隔周期内设备事故的概率 P（T，HI）为

$$\int_0^T \lambda(t)\mathrm{d}t \tag{3-6}$$

式中：T 为两次检测的间隔周期；λ（t）为设备的故障率。

λ（t）可由下列方式求得：

（1）基于 Weibull 统计的设备故障率计算。若设备的运行时间遵循 Weibull 分布，设备故障率可按下式求解：

$$\lambda(t) = 1 - \exp[\tfrac{t^m-(t+\Delta t)^m}{t_0}] = 1 - \exp[-\tfrac{m\Delta t t^{m-1}}{t_0}] \tag{3-7}$$

式中：m 为故障率曲线的形状参数；t_0 为计算时间起点。

当形状参数 m 小于 1、等于 1 或大于 1 时，随着时间的增加，故障率分别对应下降、恒定或上升。

对于电网设备，需要根据长期的统计数据确定故障率表达式。图 3-3 是对某一批次变压器运行情况进行统计分析，得到的故障率λ随时间变化曲线。

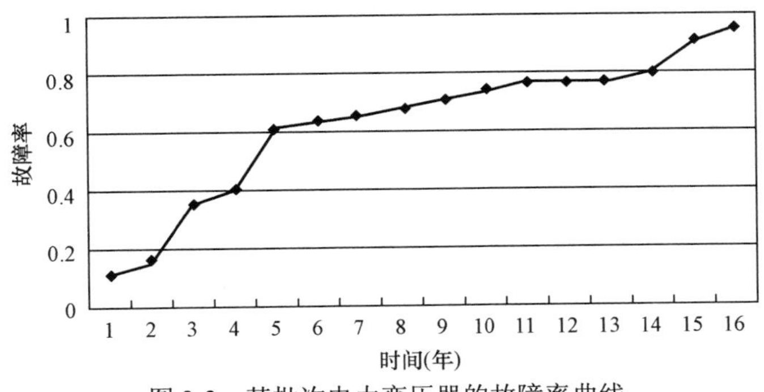

图 3-3　某批次电力变压器的故障率曲线

（2）基于状态参数法的设备故障率计算。如果已知图 3-2 所示的设备故障率与健康指数的拟合曲线，则计算出设备的健康指数后，就可以直接从图中查阅设备基于状态参数法的可能故障发生概率，进而求得两个区间的事故概率。

结合设备寿命的 Weibull 分布，也可以利用 Monte-Carlo 模拟方法来模拟设备在一定时期内的故障发生概率 P（T，HI）。在求得一定时期内每年的故障发生次数，就可以根据这个时期内负荷的情况，来估计每年故障造成的损失，从而进行设备的投资效益分析。

长期从事设备故障诊断的技术人员往往有这样的体验，常常是刚给设备做完试验，一段时间后就出故障了。造成这种现象的原因是多方面的，或者因为检测技术的局限性，不能发现潜在的缺陷；或者因为检测人员的技术水平有限等。因此，状态检测存在一个真实的缺陷检出率问题，事实上，真实的缺陷检出率与设备的故障率有着紧密关系。

准确的缺陷检出率需要根据长期的统计数据确定，如已知某地区某段时间变压器局部放电缺陷超标的检出数和实际存在局部放电的缺陷数，则二者相除的结果即为局部放电的真实缺陷检出率。如果不知道实际存在局部放电的缺陷数，则可根据变压器事故调查统计数据，将预防性试验的缺陷检出数与因局部放电缺陷造成的变压器事故数相加，即可估算实际局部放电超标的变压器数量。

（三）设备故障可能带来的损失 C_3

设备故障可能带来的风险损失费用包括直接损失费用和间接损失费用。

1. 直接损失

直接损失费用包括：①设备损失风险费用，如永久故障造成的损坏费用，以及一般性维修、部件更换或整体更换费用等；②人身损失风险费用，如设备爆炸、对地短路可能造成人员伤亡而带来的损失费用等；③环境损失风险费用，如 SF_6 气体泄漏、变压器油对环境产生污染而可能带来的损失费用。

（1）设备损失风险费用。设备自身损失可以通过损坏后的维修费用来评价和衡量。影响设备损坏后维修费用的可能因素包括设备类型、电压等级与损坏程度等。

在设备维修时，应根据可能发生永久性故障带来的损失进行预评估。根据当前实际状态判断设备需要进行维修的部位，确定需要更换部件的费用或整体更换费用、所需工时、运输费用、重新投运的试验费用等。设备故障、事故等级越高，相应的维修费用就越多。设备自身损失风险费用计算如下

$$C_{self}=P_{self}\left(C_{materail}+C_{labor}T_{labor}+C_{transport}+C_{test}\right) \tag{3-8}$$

式中：C_{self} 为设备故障的自身损失；P_{self} 为某类型缺陷导致设备故障概率；$C_{materail}$ 为修复设备所需材料费用；C_{labor} 为单位工时的成本；T_{labor} 为维修所需工时；$C_{transport}$ 为修复的运输费用；C_{test} 为重新投运施工及试验费用 。

（2）人身损失风险费用。设备故障导致的人身损失费用如何用经济指标衡量，目前国内尚没有统一的处理标准和计算方法。有的企业根据事故严重程度对人身损失进行分级，每一种等级对应一定的经济补偿标准；有的则将不同的人身损失均折算为损失工作日数，根据给定的每一工作日的经济补偿标准来计算。

为使实际评估具备可操作性，可借鉴国家标准，参照死亡、重伤、轻伤的分类方法，定义设备故障后的人身伤害严重等级，每一等级对应相关的经济损失费用，有 I、II、III 三种，代表由高到低的严重等级。在进行人身损失风险评估时，首先分析得到设备故障后的人身损失等级并确定对应的损失费用，然后将该费用与某类型缺陷可能导致设备事故的概率相乘，即得出潜在的风险费用。

（3）环境损失风险费用。环境损失风险指设备故障后可能造成环境污染带来的损失。如居民区变压器爆炸可能对小区环境带来污染、SF_6 气体泄漏可能对环境造成影响等。对环境损失的评价可以根据国家相关法律、法规对设备故障环境污染后果的处罚规定来确定。虽然目前我国由于环境污染导致的经济处

罚并不多见，但随着社会环保意识的加强，环境损失无疑将逐步进入电力企业投资决策的评价因素之中。

环境损失计算同样采用了根据事故污染严重程度分级的方法。定义环境损失严重等级，有I、II、III、IV四种取值，代表由高到低不同的污染严重等级，IV表示设备故障不会导致环境损失。在进行环境损失风险评估时，首先分析得到设备故障后的环境损失等级并确定对应的经济损失费用，然后将该费用与某类型缺陷导致设备事故概率相乘，即得出可能的风险费用。

2. 间接损失风险费用

间接损失主要指设备故障停运后可能造成的供电企业自身和用户的社会经济损失，包括非计划停运后少供电可能造成的供电企业电价收入损失费用和供电用户的经济损失费用。如停电可能造成的产品报废、设备损坏等损失费用，事故停电可能对电能质量敏感用户造成的损失，商业用户停电导致销售收入减少、库存增加等损失费用。住宅用户停电时间过长也可能造成一定经济损失，如电梯停电可能造成人身安全损失，停电导致的交通堵塞可能造成的损失费用等。

社会损失一般指停电造成的供电用户的经济损失，目前全世界对于如何准确评价该损失尚没有一个公认的标准。国外提出了混合用户停电损失估算，工业、住宅用户停电损失估算等评价方法。结合我国实际情况来看，目前比较适合我国国情的计算方法主要有产电比法和平均电价折算倍数法两种。

产电比法通过采用一定时间、一定地域内，单位电能所产出的GDP价值来衡量停电造成的社会损失；平均电价折算倍数法是取电价的一定倍数来估计停电可能带来的损失。相比较而言，产电比法从经济角度看更为合理，社会损失可以通过计算产电比、实际负荷损失量及实际停电时间三部分，综合后确定。

在实际的计算过程中，负荷损失量由系统故障计算分析得到，考虑到保护动作要求，如果母线保护动作切除该母线所带负荷，该母线负荷应全部计算在内；如果某一节点关联的线路或变压器全部断开，其所带负荷将全部丢失，也应一并计算在内。计算由于负荷丢失而带来的经济损失，还需要考虑设备损坏后造成的停电时间，以计算总的电量损失。一种简便的估算方法是，用非计划停运小时数作为计算时间，可以认为每次非计划停运的时间都是相等的，通过统计某供电企业一段时间内的非计划停电总时间和非计划停电总次数来求得强迫停运恢复到正常所需的平均时间；另一种方法是，根据调度人员为恢复系统正常供电所需平均时间来进行综合估算。设备故障的社会损失风险计算公式如下

$$C_{society}= P_{self} P_{GDP} L_{Load} T_{re} \tag{3-9}$$

式中：$C_{society}$为设备故障停运导致的社会损失；P_{self}为设备故障概率；P_{GDP}为某地区统计得出的产电比；L_{Load}为负荷损失量理论计算值；T_{re}为设备恢复供电时间（或非计划停运时间）。

停电所导致的直接机会成本是电力公司因为设备故障不能正常送电所导致的输配电收入的损失。实际上，设备故障还可能诱发大面积系统停电，从而对社会造成巨大经济损失。例如，2003 年 8 月 14 日发生的北美电力系统大停电，波及美国 8 个州和加拿大 1 个省，美国的总损失约为 40 亿～100 亿美元，而加拿大 8 月份的国内生产总值下降了 0.7%。因此在考虑社会损失时，应充分考虑这一因素。

第三节　电网设备新型状态检测与评估技术

状态检测是实现运行设备状态量评价及可靠性评估的关键环节，也是状态检修和基于可靠性的维修体系建立的重要基础支撑环节。设备的整体状态可以用一组特征参数从不同的侧面反映其各方面的性能，如绝缘状态、机械状态、热状态等，实际上可以用一组多维向量来表示，状态检测的过程实际上是找出这一组多维向量数值的过程。状态参数一般分为电量和非电量两类，参数的获取可通过巡视检查、停电试验、带电测试、在线监测、抽样试验等途径获得。

目前，我国电网企业已基本形成了以停电预防性试验、带电测试、巡视、在线监测、设备维护等多种方式并存的检测体系。针对设备重要性、可靠性等方面要求，结合未来电网发展趋势，合理地对相关检测模式进行优化组合，并配合必要的管理创新，逐步建立以带电测试为主的新型状态检测体系是设备运维模式转型的必然要求。这一切都需要先进的带电（在线）检测技术支持。

近年来，状态检测技术发展十分迅速并得到了较好应用，随着社会对供电

可靠性要求的提高，企业对资产全生命周期管理的逐步深化，带电（在线）检测技术的逐渐成熟，定期维修发展到状态检修，已成为必然。

目前，国内供电企业正在积极探索并设计适合我国国情的新型状态检测体系。在系统设计并推进预防性试验管理模式转型的过程中，需要系统地对国内外比较有效的检测技术进行梳理和现场应用，需要加快研制适应现场需要的各类设备检测与评估技术（装置）。本节将对目前相关检测技术现状进行述评。需要说明的是，这些技术多数都是基于不停电的检测技术，少数需要停电的项目只有对设备状态评价和寿命评估有重要作用才列入介绍范畴。这些技术不是罗列出来，而是根据带电测试替代停电试验的需要，在缺陷分析的基础上，根据每一类技术的特点，为每一类设备状态检测需要而设计的。期望通过有效的带电测试项目组合，来替代停电预防性试验或延长停电试验周期，达到发现大多数缺陷的目的。

一、变压器状态检测技术

（一）油中溶解气体检测技术

目前，大型电力变压器、高压电抗器基本都采用油纸绝缘结构。这些设备中的绝缘油承担着绝缘介质和冷却媒质两方面作用。在热和电的作用下，绝缘油会逐渐老化、分解，而产生各种低分子烃类、氢气及少量有机酸等，固体绝缘材料（纸和纸板）劣化分解时，除释放出水、酮类、醛类和有机酸外，还会产生 CO 和 CO_2。

变压器内部的潜伏性故障可分为过热和放电两大类。过热性故障包括铁芯多点接地、局部短路、接点焊接不良等多种形式，通常持续时间较长；放电性故障包括电弧放电、火花放电、局部放电等缺陷，若持续时间较长可能会导致绝缘击穿。实际上，无论是过热性故障还是放电性故障，都会导致设备绝缘介质裂解，产生各种特征气体。当变压器发生故障时，油中溶解气体的相对数量、产气速率，会依故障能量的释放形式以及故障严重程度发生改变，因此可根据色谱分析结果间接判断设备内部是否存在异常，分析故障类型及故障能量等。

目前，电力系统普遍采用气相色谱法来分析油中溶解气体的含量。实践证明，该方法对正确判断变压器早期故障有很大作用，是检测油浸式设备内部潜伏性故障最有效的手段之一，因为取样时通常不需要设备停电，故其本身就属于不停电监测和诊断范畴。近 20 年来，为及时捕捉到某些发展速度快的故障征兆，有效解决偏远地区取油样不方便等困难，国内外相继开发了多种油中溶解气体在线监测技术，并在一定范围得到推广和应用，其原理如图 3-4 所示。

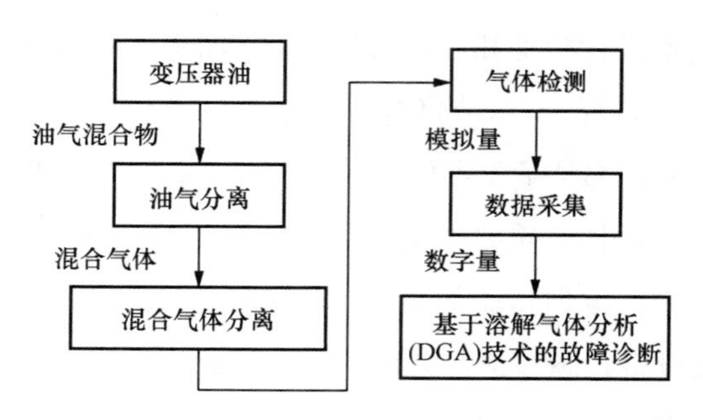

图 3-4　变压器油中溶解气体在线监测系统原理图

监测过程可分为如下 4 部分：

1）进行油气分离，从油中分离出待检测的混合气体。

2）利用气体分离技术分离气体，再将气体浓度信号转换成电压或电流信号。

3）数据采集系统进行 A/D 转换，将电压或电流信号转换成数字信号，并上传到工作站，工作站软件根据各种气体的含量对变压器运行状态进行评估，预测可能的潜伏性故障。

目前，油中溶解气体在线监测包括单组分气体和多组分气体两类检测方式。其主要的监测特征量及特点如下：

（1）单组分气体检测法。油、纸等绝缘材料均为碳氢或碳水化合物，分子结构中碳氢键（C—H）最多，其键能最低、生热最小，在碳氢键断裂后氢气最易生成，故无论是低能的电晕放电还是高能的电弧放电，均会伴随着一定数量的氢气产生（约占总故障气体的 60%以上）。氢气分子半径小，油中溶解度最小，故很容易从油中析出后渗透过高分子膜，并以最快速度集聚到检测室，使得可以较快地检出并跟踪放电故障的发展情况。传统的取油样气相色谱分析试验中，氢气极易析出，使分析结果出现较大分散性，难以进行比较和判断。但作为在线监测装置，由于其直接安装在变压器上，不存在氢气析出损失环节，故测得的氢气含量相对比较稳定。

乙炔（C_2H_2）是放电性故障最具代表的特征气体，但 C_2H_2 分子中有 C—C 键，生成时必须吸收较大能量，所以在局部放电初期（如低能放电阶段）难以产生，只有在发展到高能量的电弧放电后才会产生。

单组分气体在线监测装置，通常采用燃料电池型气体传感器，其检测灵敏度高、响应速度快、稳定性好，加上处于被动工作方式，无消耗材料、磨损器件，因此相对维护比较简单。近年来发展起来的聚四氟乙烯中空纤维束（毛细管）透膜，较好解决了平面透膜耐压性能差、易损坏等问题，通过内部油路循环方式，提高了对故障气体的响应速度，可在变压器故障气体产生后较快做出响应。其缺点是检测的特征量气体有限，综合判断设备故障的能力有限。

（2）多组分气体检测法。多组分气体在线监测装置可连续不断地对油中溶解气体进行检测和分析，并可同时连续检测多种故障气体，如 C_2H_2、C_2H_4、CO、CO_2、H_2、CH_4、C_2H_6、O_2 等，可反映故障气体变化趋势，因此相对而言，更能反映设备真实绝缘状况。

目前，市场上的多组分气体在线监测装置大多采用传统色谱仪的检测原理，通常由以下部分构成：通过油路管道，从变压器中获取特定油速和流量的油样。通过萃取装置，利用聚四氟乙烯薄膜或中空纤维束从油中脱出气体，脱出的混合气体由载气（N_2 或 He）推动通过色谱柱，各组分气体由于运动速度不同而被分离，最后用热导检测器测定气体的成分和浓度。监测系统需要使用标气对检测装置进行定期地自动标定和调整，以保证检测可靠性。

在变压器溶解多种气体检测中，油中汲取气体是一个重要环节。研究认为，在线监测装置产生测量误差多半是在脱气阶段。实现变压器油中多种气体在线监测，油气分离模块必须能在线、自动分离出油中多种溶解气体，并且不对变压器油箱中的油形成污染。此外，油气平衡时间相对要短，对于一些变压器运行过程中出现“紧急情况”需在线监测系统自动报警的，如内部故障发展较为迅速，需要的油气分离时间要达到 2h，甚至更短。

1. 几种常用的油气分离方法

目前，应用较多的在线油气分离方法主要有平板高分子透气膜法、中空纤维脱气法、真空脱气法、载气脱气法、动态顶空脱气法和动态顶空平衡法等。

（1）平板高分子透气膜法。平板高分子透气膜法的原理是利用某些合成材料薄膜（如聚四氟乙烯、聚酰亚胺等）的透气性，让油中溶解的气体经薄膜透析到达气室里。当渗透时间相当长后，透析到气室的气体浓度 c 将趋于稳定，它与油中溶解气体的浓度 v 之间的关系如图 3-5 所示。这样，测出气室中的各气体浓度，就可换算出油中气体含量。

油中溶解气体在线监测用的高分子薄膜，不仅要接触油，还要使待测气体尽快透过，因此要求高分子薄膜除了具有一定机械强度外，还需具有耐油、耐高温等特性。由于聚四氟乙烯具有良好的透气性能、机械性能和耐油、耐高温性能，因此，其被作为油中溶解气体在线监测装置的首选透气膜材料。

这种方法的优点是脱气成本较低，不会对变压器油产生污染。其缺点是脱气效率较低，油气平衡时间较长，当用在多组分气体在线监测时，油气平衡时间一般都会很长。另外，透气膜在使用过程中易发生性质变化，使用寿命较短。

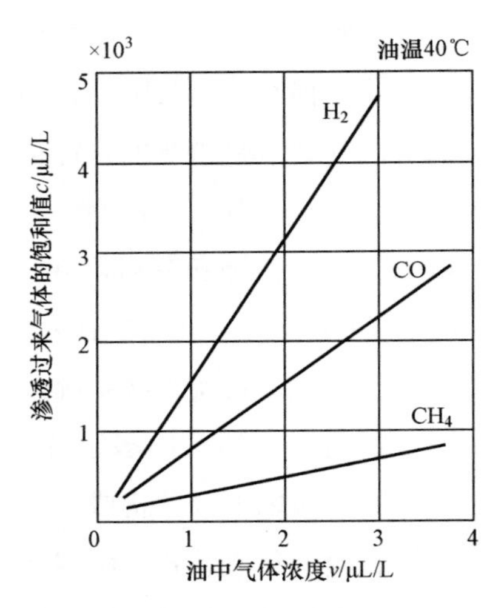

图 3-5 渗透过来气体（饱和值）与油中气体浓度的关系

（2）中空纤维脱气法。透气膜由数千根高分子聚合薄膜制成的中空纤维组成。相比平板薄膜来说，中空纤维膜油气表面积有了大幅度增加，从而使油气平衡时间大大缩短。中空纤维在选择合适材料和纤维表面积大小后，油气平衡时间基本能达到 2h 以内。该方法的优点在于油气分离时不需载气，不会污染油样，因此可以实现测试油的回收再利用，但该方法必须采用外加油泵配合使用，相对需要的附件较多。

（3）真空脱气法。真空脱气法应用到色谱在线监测装置中的有纹波管法和真空泵脱气法。

纹波管法是利用电机带动纹波管反复压缩，通过多次抽真空，将溶解气体抽出。以该方法为原理制成的油中溶解气体在线监测装置，虽然每次测试只需要 40min 左右，但由于积存在纹波管空隙里的渗油很难完全排出，可能会污染下一次检测时的油样，所以难以真实地测出溶解气体组分含量及其变化趋势，特别是对含量低、在油中溶解度大的乙炔检测而言，残留气体影响更显著。

真空泵脱气法是利用常规色谱分析中的抽真空脱气原理，用真空泵抽空气来抽取油中溶解气体，废油仍回到变压器油箱，也可以实现变压器油中气体在线监测。该方法原理来源于常规油色谱分析试验，因此其检测的灵敏度较高，但由于受到现场条件限制，目前只能检测少数几种特征气体。此外，随着使用时间的增长，真空泵的磨损使抽气效率降低，从而造成测试结果偏低。

此外，根据真空脱气法与中空纤维脱气法的对比实验结果，两者脱气效果基本一致，而中空纤维脱气法可实现多种特征气体的检测，价格也低很多，因此，更有推广价值。

（4）载气脱气法。载气脱气法采用了一种专用的分馏柱，利用载气往油中通气，通过鼓泡和油中溶解气体多次交换与平衡，将气体置换出来进行检测。分馏柱在层析室的恒温箱中，通过定量管进入固定体积的油样，再根据油中各组分气体的排出率调整气体的响应系数来定量。该方法的优点是脱气率高，同时脱气和取样一次完成，重复性好。其缺点是对油形成了污染，不能回收再利用。

（5）动态顶空脱气法。动态顶空脱气法通过采集样品基质上方的气体成分来测定这些组分在原样品中的含量。动态顶空是用流动的气体将样品中的挥发性成分“吹扫”出来，进行连续的气相萃取，即多次取样，直到将样品中挥发性组分完全萃取出来，然后通过吸附装置将样品浓缩，在待测组分全部或定量地进入捕集器后，关闭吹扫气，由切换阀将捕集器接入色谱载气气路，同时加热捕集管使捕集的样品组分解析后，随着载气进入色谱进行分析。该方法的优点是脱气时间快，一般能在 15min 内完成。但采用该方法的油样分析完后也不能回收。

（6）动态顶空平衡法。动态顶空平衡法是对动态顶空脱气法的进一步发展。通过采集油样到采样瓶后，在脱气过程中，采样瓶内的磁力搅拌子不停地旋转，使油样脱气，析出的气体经过检测装置后返回采样瓶的油样中。在一定的时间间隔测量气样的浓度，当前后两次测量的数值基本一致时，可以认为脱气完毕。这种方法不但脱气速度快，而且不需使用载气，不会对油样造成污染，油样可以回收利用。

2. 气体检测方法

在线监测装置的气敏元件可以划分为气敏传感器、热导池、红外光学传感器三类。气敏传感器包括场效应管、半导体传感器、电化学传感器等。从机理上讲，它们都是将气体含量信号直接或间接地转换成电信号。热导池的制作工艺差别很大，但都是依据气体的热导率对电阻影响而导出气体含量信号。红外光学传感器由分光器件和红外探测器组成，它根据不同气体的特征吸收频率实现对不同气体的判别，确定气体含量。各种检测器的优缺点如表 3-2 所示。

表 3-2　　各种气体检测器的优缺点

检测器类型	优点	缺点
热导池检测器	结构简单，测量范围广	灵敏度受到限制
氢离子火焰检测器	精度高	操作繁琐，需要点火，难以自动操作
钯栅场效应管检测器	气体选择性好	寿命短，精度漂移严重
燃料电池传感器	精度高	电解液易外泄
红外线光谱传感器	测量范围广，精度高，灵敏度高，响应快，选择性良好	造价高
光声光谱传感器	灵敏度高，设备简单，不需要载气	对环境要求高

上述检测方法各有优缺点，不同厂家往往选用不同的检测方法搭配不同的取气方式，形成各自监测设备。国内外许多生产厂商先后开发了 3 组分、4 组分、6 组分及 8 组分在线监测系统，并已集成基于色谱数据的诊断分析功能。

近年来，红外光谱分析技术得到飞速发展，并有望在油中溶解气体检测方面取得突破性进展。国外已利用傅里叶红外光谱仪技术，实现对氢气、一氧化碳、二氧化碳、甲烷、乙烷、乙烯、乙炔及含水量进行全面监测。红外光谱仪的最大特点是允许多组分气体同时分析，不需对混合气体进行分离，这是气相色谱仪所无法比拟的。气相色谱仪上用的载气、分离柱及进样阀都是消耗品和磨损件，需要频繁校正、维护，不易被广大用户所接受。红外光谱仪的另一个优点是不消耗气体，允许连续测定，而气相色谱仪只能进行间歇式的分析，其分析周期取决于分离膜分离气体的速度，往往高达数小时甚至数十小时，不能满足用户快速检测的要求。红外光谱仪的缺点是价格昂贵，对氢气没有活性，需要和其他传感器合用。此外，乙烷的测定也容易受到变压器油蒸汽的干扰，影响测量精度。

光声光谱分析也是一种比较有前途的检测技术。其特点是校验工作少，无需标气，无需消耗品，可靠性高，维护工作量少。光声光谱的仪器内光声室容积小，仅需少量样品即可测试，且便于迅速清理光声室以满足快速、连续测量要求，没有色谱柱老化、污染、饱和等缺点，系统没有固态半导体传感器，不受其他气体污染。该方法不但能提供油中溶解气体含量，而且还能检测微水含量，操作简单，不易产生污染，系统重复性能好，有相当高的测量一致性。

油中溶解气体分析技术仅对那些发展速度较慢的故障有效，能起到事前预警的作用，并为检修决策提供支持。但对于快速发展的某些放电性故障，其从放电的形成，到特征气体完全扩散并溶解于油中，并被检测出来，通常需要较长的扩散、积累过程，且只有在积累到一定浓度后方可被检出，故具有较明显的滞后性。而分析故障的发展趋势通常也需要一定的跟踪过程，放电故障有可能在跟踪分析的过程中发展为绝缘击穿事故。即使采用价格昂贵、功能齐全的气相色谱在线监测装置，如果故障的发展速度较快，也难以及时做出判断。

实际上，难以对突发故障进行及时预警本身就是油色谱在线监测系统的弱点之一，因此，该方法检测的状态量也就难以用作“控制量”，在紧急情况下将设备从系统中切除，这也是妨碍该装置大规模推广的不利因素之一。

（二）特高频局部放电检测技术

变压器特高频（UHF）局部放电带电（在线）检测方法是近年来发展比较迅速和较有前途的测量方法。该方法通过测量变压器局部放电产生的特高频电磁信号，实现局部放电的检测，并能有效抗干扰，具有较高的检测灵敏度，是比较适宜开展带电（在线）检测的变压器局部放电测量方法。

当变压器内部发生局部放电时，其脉冲电流会辐射出电磁波，由于脉冲电流的上升时间及脉冲宽度很短，为纳秒级，因此，其辐射出的电磁波信号频谱分布很广，可以为从零到数吉赫兹。对于不同类型的局部放电，由于其放电间隙的长度、绝缘介质各不相同，所以脉冲电流上升沿陡度和频谱分布也不相同。一般油纸绝缘中局部放电的电磁波信号为 300MHz～3GHz，且各频带均有一定能量的分布。为了兼顾抗干扰和提高灵敏度，可以选择500MHz～1.5GHz 作为检测频带，由于此频带属于特高频，因此该方法被称为特高频检测方法。

特高频电磁波在油中以 0.2m/ns 的速度传播，故衰减很小。但由于其内部结构复杂，铁芯、绕组、外壳等部件对电磁波的传播会造成较大影响，传播过程中会发生散射、反射、绕射等，在金属表面或油中会产生能量损耗。显然，信号衰减程度与放电点的位置、变压器结构有密切关系。

特高频检测装置原理框图如图 3-6 所示。通常将一个预制的天线通过变压器底部放油阀接入到本体，天线接收到的信号通过前置放大器和高频放大器进行预处理，处理后的信号通过检波电路，得到特高频信号幅值的包络线。检测装置通常采用较低采样率的模数转换器进行模数转换，大大降低了装置制造成本，局部放电信息由计算机进一步进行分析处理并给出检测结果。

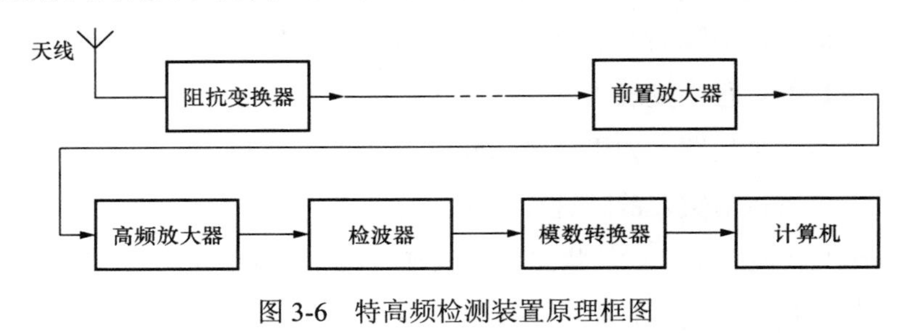

图 3-6　特高频检测装置原理框图

特高频法突出的优点是抗干扰能力强。由于电晕放电的频带一般在300MHz 以下，变电站一般背景噪音在 400MHz 以下，而特高频检测频带为500～1500MHz，故主要干扰信号均在特高频检测频带外。电视、移动电话等干扰信号在特高频频带上属于窄带干扰，可选用合适的频带来提高局部放电检测信号的信噪比。

特高频局部放电检测技术近年来得到了迅速发展，许多高校及科研机构均开展了这方面的研究，取得了丰富的研究成果，并在推广应用过程中积累了一些成功案例，无疑是今后较有前途的变压器状态检测技术之一。国内西安交通大学、华北电力大学都曾经利用 UHF 带电检测系统成功发现了变压器内部的局部放电故障，对变压器局部放电检测可行性验证，已有较充足的和令人满意的技术支持。图 3-7 是某 500kV 变压器的特高频带电局部放电检测示意图，图中红线为信号最大幅值，绿线为信号基准。

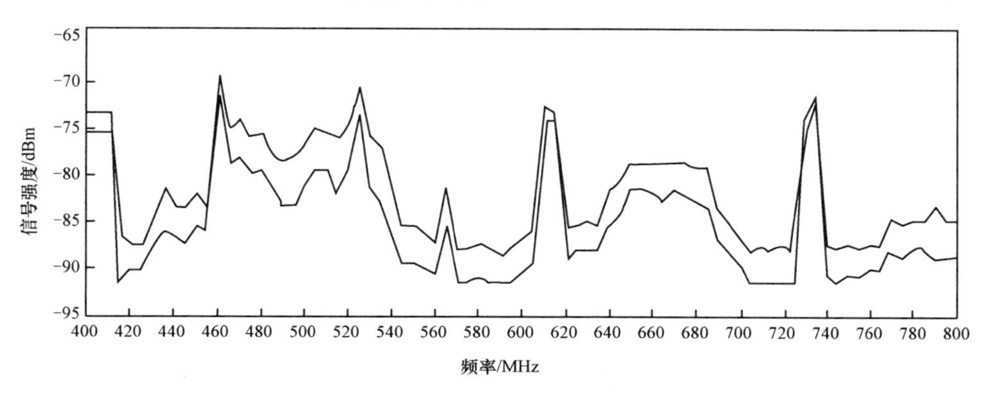

图 3-7　某变压器内局部放电信号频段分布图

该方法的缺点是不能进行缺陷定位，由于变压器的结构特点，特高频传感器必须内置于油箱内才能有效检测，通常的做法是通过事故放油阀带电安装或设备检修时通过人手孔进行安装，需用户配合。此外，特高频检测法难以实现放电信号的直接核准，即放电量的准确标定。

特高频局部放电检测技术在国内外已有较多应用。例如，广州电网曾对部分 500kV 主变压器进行特高频局部放电带电测量，并在 9 台变压器上安装了特高频局部放电在线监测系统，运行一直比较稳定。国网上海市电力公司及福建等多家电网公司结合智能高压设备研究，采取了在变压器出厂即预装特高频监测传感器的做法，并进行了试点应用，积累了一定的经验。目前，特高频局部放电检测技术离实用化还有一定距离，国际上的一些在线监测产品性价比仍不理想，价格十分昂贵。带电检测仪器方面，美国 DDI 公司开发的局部放电故障诊断系统在美国、加拿大及我国台湾地区已有较多应用，而国内尚没有开发出公认的十分成熟的检测设备。可以预见，该技术仍是今后变压器状态检测的重要发展方向。

（三）超声波局部放电检测技术

变压器内部绝缘介质存在的气泡、杂质等，在交变电场的作用下会产生持续周期性的局部放电现象。经典理论认为，放电过程中会因为局部体积变化引起振动而产生超声波，即当存在局部放电时，油绝缘被击穿，电荷有序运动形成电流，产生热量；局部放电结束后，电流消失，变压器油发生热传递而冷却收缩，这种介质热胀冷缩导致的体积变化引起并形成了超声波。通过测量声波来检测局部放电的大小及位置的方法，称为声测法。近20多年来，声电换能器效率的提高和电子技术的发展，使声测法的灵敏度有了很大提高。

超声波是一种机械振动波，当发生局部放电时，放电区域中的分子间产生剧烈撞击，使放电的同时伴随有声波的出现。局部放电由一连串的脉冲形成，因此产生的声波也由脉冲形成。由于放电状态、传播媒质及环境条件不同，检测到声波的频谱也不同。根据局部放电声波的主频率范围和变电站噪声的频谱，可以确定采用的超声波传感器检测频带大致为70～180kHz。

在现场检测中，通常关心的就是放电源的具体位置，变压器局部放电的放电源也就是声发射源。可以根据被动声测原理对变压器内部放电予以定位，将若干个超声探头放置在变压器箱壳几个相互分离的测点上，组成声测阵列，测定由声源到各探头的直接波传播时间或各探头之间的相对时差，将这些时间或相对时差代入满足该声测阵列几何关系的方程组求解，便能得到放电源位置坐标。

超声波法局部放电检测时，在变压器外壳上安装的通常是由压电陶瓷组成的超声波传感器，传感器紧贴外壳，通过将声信号转变为电信号并传送到检测电路后进行测量。该方式不影响设备正常运行，因而适用于进行带电检测。图3-8为变压器超声波局部放电检测示意图。

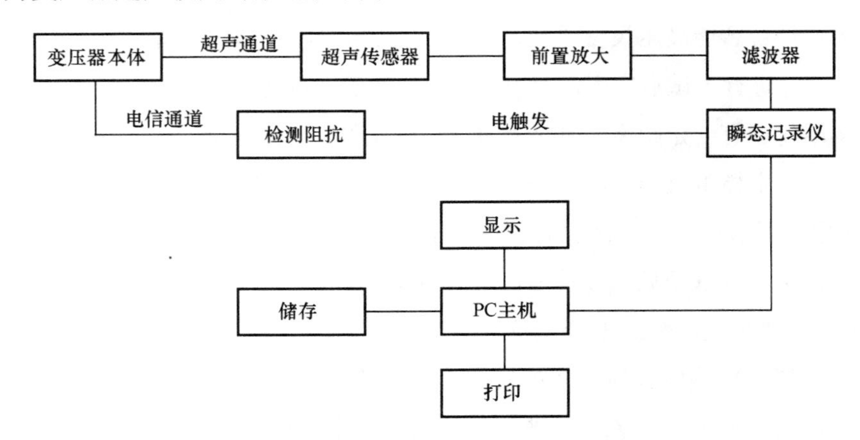

图3-8　变压器超声波局部放电检测示意图

由于超声波局部放电检测传感器所接收的声压大小是由局部放电的实际等效电量决定，同时又与传播路径长短引起的衰减以及其他媒质的反射、吸收等因素有关，因此，超声波法本身无法对放电检测的灵敏度进行标定，目前还没有一个标准的定量方法。虽然它很难像电测法那样将放电脉冲定量成视在放电电荷，并以此作为表征局部放电的标准量，但从能量转换的关系中，可以推导出声压与视在放电电荷之间的定性关系，并以此作为局部放电量大小的参考。研究表明，在放电介质（纸板）没有劣化之前，声信号随着电信号的增强而增强，而在放电介质（纸板）已经劣化，快要被击穿时，放电信号虽然很强，但声信号反而比较弱，因此，声电关系曲线是一条非线性的曲线。

国内电网企业利用声发射检测系统，曾经在现场多次准确检测出变压器内部的局部放电故障，如国网电科院曾对多个特高压站和换流站的多台变压器进行了带电检测，成功对多台带缺陷的变压器、电抗器进行了故障定位；广州电网利用该技术也发现了 10 余起疑似缺陷并成功定位。

超声波带电局部放电检测技术可以检测到变压器不同部位的多种放电故障，主要包括以下三类：①围屏爬电，线圈绝缘压板及端部放电，各种引线放电；②磁屏蔽、分接开关放电；③潜油泵放电，变压器油流静电等。实践证明，该项技术对绕组深部的放电缺陷不够灵敏，在现场可以与油色谱分析试验共同使用，作为指导变压器状态检修的重要判据。

目前在超声波带电局部放电检测领域，技术领先的是美国 PAC 物理声学公司与德国 LDIC 公司（LDIC 探测头是 PAC 公司生产的）。PAC 公司生产的 DISP-24 超声波局部放电测试系统具有噪声小、灵敏度高、软件功能强、具备丰富模式识别软件等突出优点，特别是可以带电连续自动检测，并对放电声源进行定位和数据信息回放处理，自动化程度高，现场使用方便，非常适用于避开不利测试环境和测试时间等。DISP-24 测试系统由一台高性能工控计算机和 3 块 8 通道 PCI 总线声发射处理卡和系统软件组成主机，24 个 R151-AST 传感器和信号电缆组成数据采集、处理、存储、显示和分析系统。系统能定性分析有无局部放电，并判别放电强弱，估算放量范围， 局部放电检测水平不小于 150pC，定位精度不大于 25cm。

DISP-24 检测局部放电使用的特征信息有幅度（amplitude）、持续时间（duration）、能量（energy）、撞击数（hits）、三维定位（3D location）、事件数（events）、特征指数（character Index）、撞击谱（hit spectrum）等。局部放电发生时，上述特征会分布在特定区间，或显示特定模式，或集中于某一特定空间（如三维定位）。根据采集的特征信息和信号波形进行综合分析，就可以判断有无放电现象存在。当系统捕捉到放电信号后便可根据特征信息和放电波形特征来判定放电严重程度并对放电源进行定位。

根据 DISP-24 测试系统的大量测试研究，当变压器内部发生局部放电时，其超声波信号的幅度值一般为 40～90dB，能量值为 0～500，而持续时间则为 10～3000μS。通过专门用于局部放电信号分析、处理的软件，可以对放电信号进行图示化的分析和处理，得到与工作电源信号相关的特征撞击图谱，并将它作为诊断系统的判断标准和依据，根据检测结果与之比对就可以分析判断变压器内部的放电状况。图 3-9 是存在局部放电时的典型撞击图谱，图中横坐标为 24 个传感器通道，纵坐标为每个通道收到的信号频数。

国内原武汉高压研究所同样开发了超声波局部放电检测与定位设备，该设备具有价格便宜、使用方便、定位精确等优点，可与 PAC 公司设备配套使用。

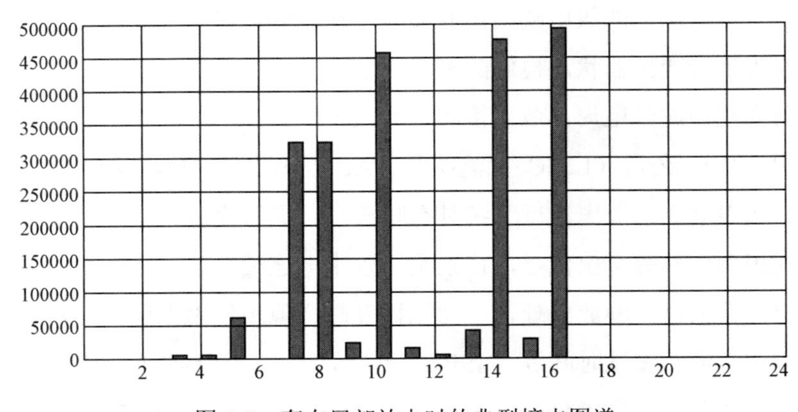

图 3-9　存在局部放电时的典型撞击图谱

（四）绕组温度在线监测技术

变压器的运行负荷特性直接关系到其寿命的长短，而绕组自身温度的变化与负荷分配有密切关系，会直接影响其安全可靠运行及电网的稳定。

随着智能变电站的推广，由于需要通过网络控制变压器油泵、风扇的运转，需要对变压器的负荷进行智能分配，通过温度进行自身寿命的计算和故障综合诊断分析，因此对绕组远程温度监测的需求也就显得十分迫切。传统的变压器温度监测设备多是基于热电偶、热电阻等电类传感器，这种测温方式易受电磁干扰、传输距离、导线电阻等因素影响，使测量产生误差，特别是远距离传输时尤其如此。此外，它还存在系统维护工作量大、电信号传感器不具备自检功能、需要经常校验、具有温度漂移等多种缺点，因此难以真实反映变压器的运行热状态。

光纤光栅温度监测系统采用先进的光纤光栅测温技术，具有绝缘度高、不受电磁环境影响、适合远距离信号传输、测量精度高等优点。光纤探头安放在线圈垫块的开槽中，特别适合高电压、强磁场的环境使用，从根本上解决了传统变压器测温设备的缺陷。图 3-10 是变压器绕组光纤测温原理示意图。

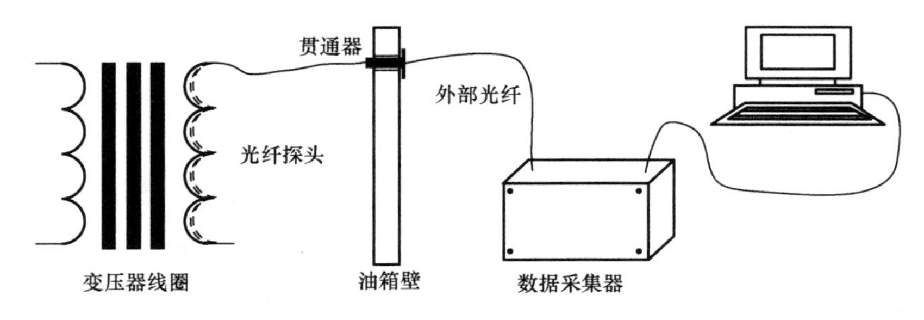

图 3-10　变压器绕组光纤测温原理示意图

光纤绕组测温装置需要在变压器制造时进行预先安装，该技术无疑将逐步取代目前绕组温度广泛采用的测量值折算方式，测试精度将大大提高。随着智能电网技术的发展和要求，该技术会成为智能变电站中变压器状态监测的重要支持技术。为适应二次技术发展，装置的通信接口应符合 IEC 61850《变电站通信网络和系统》要求，必要时可以发出命令闭锁其他装置和启动冷却系统控制功能。

以上简要介绍了变压器本体带电状态检测技术，通过这些技术的综合应用，本体常见缺陷多数可通过带电测试或不停电试验方法予以发现，基本满足日常的巡检需要。事实上，变压器套管的绝缘状态也是状态检测中需重点关注的地方。近年来，相关的检测技术有了较快发展，可参阅本章容性设备状态检测部分。

二、全封闭组合电器（GIS）状态检测技术

近年来，国内电网企业 GIS 设备运行中先后发生了大量事故、障碍，因此，加强 GIS 的状态检测极为必要。GIS 常见的检测方法包括局部放电检测和 SF_6 气体分解物检测等，而机构的检测技术与断路器基本相同。

GIS 内大部分绝缘故障均由局部放电引起。绝缘子表面金属微粒附着、绝缘子内部气泡、高压导体表面的突起等，都会引起较为严重的局部放电。对局部放电的检测方法有很多，包括检测分解气体的化学法、光电法、脉冲电流法、超声波法和特高频法（UHF）等。特高频法（UHF）和超声波法是目前国际上公认的、最适合现场使用的局部放电检测技术，其有效性得到 CIGRE 联合工作组的一致认同。目前，该技术已被广泛应用于 GIS 设备的局部放电在线监测或带电巡检工作。

（一）特高频局部放电带电检测技术

特高频（UHF）法是利用 GIS 局部放电辐射出的特高频电磁波信号进行检测的一种方法。该方法是一项新技术，并在近年来取得了迅速发展，国内外一些电网企业已大规模推广特高频局部放电带电测试技术，部分企业采用特高频法对 GIS 局部放电进行了在线监测。特高频法不仅可检测到 GIS 中局部放电的发生并识别绝缘缺陷类型，还可以对放电源进行定位，抗干扰能力强。目前，对 GIS 局部放电的检测以定性检测为主，暂时还不能实现精确的定量检测。

UHF 检测技术，就是在 300～1500MHz 宽频带内接收局部放电所产生的特高频电磁脉冲信号。特高频信号传播时衰减很快，故 GIS 以外的特高频段的电磁干扰信号（如空气中的电晕放电），不仅频带比 GIS 中局部放电信号的频带窄，其强度也会随频率增加而迅速下降，进入 GIS 的特高频分量相对较少，因而可以避开绝大多数的空气放电脉冲干扰。而对于分布在 UHF 检测频段内的固定频率干扰信号（如移动通信、电视、雷达等信号），可通过调整检测频带来避

开，从而达到在线监测局部放电信号的目的。

GIS 设备上的多处位置都装有盆式绝缘子，这些绝缘子均为非铁磁材料，可以透过特高频电磁波信号。当 GIS 设备局部放电产生的电磁波沿金属轴（筒）传播时，部分信号可通过绝缘子向外辐射，通过如图 3-11 所示的体外检测方式，即利用外置式 UHF 传感器，可以接收到从这些部位泄漏出来的特高频电磁波信号。

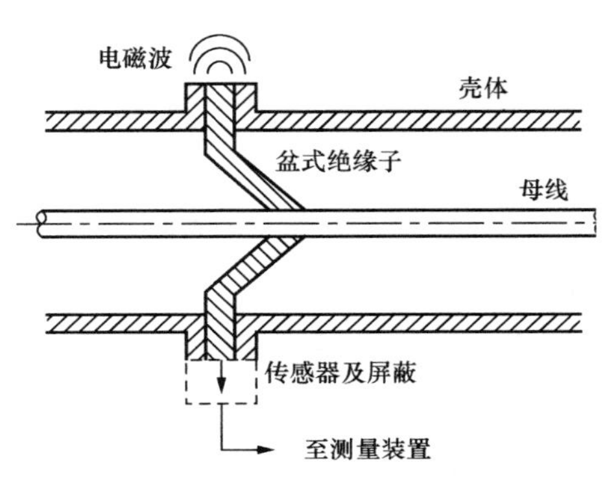

图 3-11　GIS 特高频局部放电检测原理图

此外，GIS 的金属同轴结构类似一个波导，其内部局部放电所产生的特高频信号可有效地、几乎无衰减地沿着它进行长距离传播，故特高频检测法具有较大检测范围。国际上普遍认为，即使考虑到绝缘屏障对 UHF 信号的衰减，UHF 法也可灵敏检测到放电量小于 10pC 的放电信号。特高频在线监测技术具有以下特点：

（1）传感器接收 UHF 频段信号，避开了电网中主要电磁干扰的频率，具有良好的抗电磁干扰能力。

（2）根据电磁脉冲信号在 GIS 内部传播的特点，利用传感器接收信号的时差，可进行故障定位。

（3）根据放电脉冲的波形特征和 UHF 信号的频谱特征，可进行故障类型诊断。

（4）UHF 传感器局部放电有效检测范围大，因此需要安装传感器的检测点少。

特高频法灵敏度较高、抗干扰能力强，能进行放电源定位和识别绝缘缺陷类型，特别适宜带电或在线监测，是 GIS 局部放电检测的主流方法。近年来，特高频法逐步得到应用，其检测效果也逐渐得到了用户的认可。我国曾利用自主研发的便携式 UHF 检测装置，在国内电网企业变电站成功检出了多起不同电压等级的内部局部放电故障。北京、上海、广州、深圳等电网公司均利用购置的检测设备发现了多起 GIS 绝缘缺陷。

（二）超声波局部放电检测技术

超声波法利用局部放电中电子剧烈碰撞产生的超声波来进行测量，声信号利用安装在 GIS 外壳的传感器来检测，对 GIS 内部没有任何影响。

当 GIS 内部有异物颗粒移动或跳动时，会与绝缘子或外壳摩擦或撞击产生声波；而当 GIS 内部发生局部放电时，放电通道周围的气体受到脉冲电场力的作用发生膨胀和收缩的过程将引起局部体积变化，也会产生声波。研究表明，在 SF_6 气体中传播的声波只有纵波，在钢板中传播的声波既有纵波也有横波，因此，采用超声波法可以检测 GIS 内部是否存在异物颗粒或局部放电。

声波信号需要经过 SF_6 气体、盆式绝缘子或金属外壳到达安装在 GIS 壳体外表面的声波传感器。声波在 SF_6 气体中传播速度很慢，仅为 140m/s，因此衰减极大。测量显示，当温度为 20～28℃、测量频率为 40kHz 时，衰减为 26dB/m。这主要是由在分子碰撞中能量交换引起的。纵波在钢中传播的速度较快，约为 6000m/s，横波的传播速度较慢，约为纵波的一半。这两种声波在钢板中传播时衰减较小，且随着频率的增高而增大，当频率为 10MHz 时，衰减为 21.5dB/m，而衰减主要是由声波在传播过程中的热能损耗造成的。

在 GIS 中，由于高频分量在传播过程中衰减很快，所以能监测到的声波中含低频分量比较丰富。在 GIS 中除局部放电产生的声波外，还有导电微粒碰撞金属外壳、电磁振动以及操作引起的机械振动等发出的声波，但这些声波频率较低，一般都在 10kHz 以下。局部放电产生的声波传到金属外壳和金属颗粒撞击外壳引起的外壳机械振动的频率大约在数千至数十千赫兹之间，因此，为了去除其他的声源干扰，检测频率一般为 1～20kHz。

声测法的灵敏度不仅取决于局部放电产生的能量，还主要取决于信号的传播路径。声信号在 GIS 中的传播相当复杂，气体、绝缘子、外壳、导体及其他部件中声信号的传播特性各不相同。在出现局部放电时，放电点可看作点脉冲声源，声波以球面波的形式向四周传播。从 GIS 外壳上测得的声波，往往是沿金属材料最近的方向传到金属体后，以横波形式传播到传感器的。超声波传感器通常由压电元件、前置放大器、滤波器、屏蔽壳等部分组成。应用较多的压电材料主要有压电单晶体、压电多晶体、压电半导体等。如果在 GIS 外壳上贴装多组超声波传感器或内置多组光纤传感器，还可以应用声波空间传播理论实现放电定位。

声测法的优点在于可以避免电磁干扰的影响，定位方便。但由于气体、绝缘子、外壳、导体等部件对超声波信号的传播特性各不相同，同时局部放电形成的超声波所产生的振动加速度很小，信号随距离衰减很快，所以在现场存在强烈干扰的情况下，检测灵敏度有限。

CIGRE WG33/23-12 工作组对 GIS 局部放电检测方法进行了研究，认为特高频（UHF）法的抗干扰能力最好，检测范围较大，且对所有放电类型都比较敏感；而超声波法则对测量近距离范围内的自由移动颗粒比较灵敏，且便于确定故障的位置。两种方法作为不同的检测诊断手段，可起到相互补充的作用。

CIGRE WG15-03 工作组对特高频（UHF）法、超声波（acoustic）法及传统（conventional）IEC 60270：2000《高电压试验技术—局部放电测亮》的检测灵敏度进行了比较。结果表明，特高频（UHF）法的检测灵敏度最高，对自由颗粒缺陷及绝缘体内部缺陷均较传统（conventional）法敏感；而超声波（acoustic）法仅对自由颗粒缺陷具有较高的检测灵敏度，对绝缘体内部缺陷基本没有检测能力。

（三）气体成分分析检测技术

当 GIS 中发生绝缘故障时，放电产生的高温电弧使 SF_6 气体发生分解反应，生成 SF_4、SF_3、SF_2、和 S_2F_{10} 等多种低氟硫化物。如果是纯净的 SF_6 气体，上述分解物将随温度降低很快复合，并还原为 SF_6 气体。但实际使用中的 SF_6 气体总含有一定量的氧气、水分等杂质，由于上述分解生成的多种低氟硫化物很活泼，容易与 SF_6 气体中的微量水分和氧气等发生反应，生成 SOF_2、SO_2、SOF_4、SO_2F_2、HF、S_2F_{10} 等相对稳定的化合物。不同放电形式引起 SF_6 分解气体产物不同，如表 3-3 所示。

表 3-3　过热、电弧、火花放电、局部放电作用下的主要分解气体

故障类型	分解气体					
	SOF_2	SO_2	HF	SOF_4	SO_2F_2	S_2F_{10}
过热	√	√	√	—	—	—
电弧	√	√	√	—	—	—
火花放电	√	√	√	—	√	—
局部放电	√	√	√	√	√	√

现有的分解气体检测方法较多，常用的方法有检测管法、气敏传感器法、色谱法三种。新兴的方法有红外光谱法、光声光谱法等。这些方法的灵敏度基本都能满足检测需要。研究表明，对于局部过热或者触头接触不良等产气量较大、放电能量较大的故障，该方法比较有效。局部放电属于弱放电现象，其能量较小，引起的分解气体是微量的，需要经过长时间的连续放电，才能产生足够量的分解气体，且 GIS 腔体内装有吸附剂，能够吸附分解气体，降低其浓度。因此分解气体检测法对于局部放电检测的灵敏度较低。

研究表明，分解气体成分及相对含量与故障类型有一定相关性，①当放电不涉及固体绝缘时，主要气体产物为 SO_2、SOF_2 和 SO_2F_2；当放电涉及固体绝缘时，主要气体产物为 CF_4、H_2S；②由 SO_2、SOF_2、SO_2F_2 含量比例可分析判断放电剧烈程度，放电越剧烈，放电能量越大， SO_2 含量增多，SOF_2 与 SO_2F_2 体积分数之比增大等。

目前，对气体分解物的检测项目及方法已有离线检测 IEC 和国家标准（GB）。在 IEC 60480：2004《SF_6 电气设备中气体的检测和处理导则及其再使用的规范》中规定的检测项目分两种情况，①为了确认 SF_6 是否需要进行回收处理而进行的现场检测，检测项目主要有 SOF_2、SO_2、HF、空气、CF_4、水和矿物油；②为了定量检测气体中各种杂质的含量，检测项目包括空气、CF_4、HF、矿物油、SF_4、SOF_2、SO_2F_2、SO_2 等。

但无论是 IEC 或 GB 标准，对 SF_6 设备分解气体或化合气体含量与绝缘缺陷状况之间的关系，还缺乏像检测变压器油色谱那样完善而有效的原理、方法及判断标准。依据分解气体检测结果判断故障类型和严重程度方面，还需要开展大量研究工作和现场测试积累。广州供电局有限公司曾对其管辖变电站的 SF_6 气体进行杂质普查工作。利用现场便携式的 SF_6 气体杂质分析仪及实验室的安捷伦 6890N 气相色谱仪，对 SF_6 气体中可能存在的 H_2S、SO_2 及 CO 三种气体进行含量测定，累计完成了大约 3000 个气室的气体组分测试分析工作。

普查结果表明，3000 个气室中，SO_2 含量为零的气室有 2319 个，占到总气室数量的 77%。在所有含有 SO_2 杂质气体的 681 个气室中，含量在 5μL/L 以上的气室数为零，含量在 0～2μL/L 的气室数量为 652 个，占到所有含杂质气室的 96.3%。H_2S 含量为零的气室有 2969 个，占到总气室数量的 99%，含有 H_2S 杂质气体的气室只有约 1%。对于 CO 而言，虽然含有 CO 气体的气室达到了 2474 个，占总气室数量的 82.5%，但 CO 含量主要集中在 0～50μL/L 的气室，约占总气室数量的 78%，含量大于 300μL/L 的气室数量为零。由此可以看出，绝大部分气室杂质气体的含量都很低，气体质量符合运行要求，尤其是只有约 1% 气室含有 H_2S，说明 99%的气室都不存在较高能量的放电。

普查还发现，对于 SO_2 和 H_2S 而言，断路器气室中含量远大于非断路器气室含量，且其含量相差 20～30 倍，这说明灭弧气室中由于频繁开断电流而产生了大量的杂质气体。对于 CO 而言，灭弧气室与非灭弧气室的含量基本相同，没有较大差别，其可能是因为 CO 的产生主要来源于绝缘材料过热，与灭弧无直接关系。表 3-4 是广东电网公司电力科学研究院推荐的分解物含量的参考判定依据。

表 3-4　　SF_6 分解物含量的参考判定依据

设备类别	分解物含量（μL/L）			检测周期
	SO_2+SOF_2	H_2S	CO	
断路器	2～5	1～3	<150	3 个月内检一次，增检组分
	5～10	3～5	<200	1 个月内检一次，增检组分
	10～30	5～10	<300	1 周内检一次，增检组分并建议电气试验
	>30	>10	>300	建议电气试验和停电检查
其他设备	1～3	1～3	<100	3 个月内检一次，增检组分
	3～10	3～5	<200	1 个月内检一次，增检组分
	10～15	5～10	<300	1 周内检一次，增检组分并建议电气试验
	>15	>10	>300	建议电气试验和停电检查

现场实践表明，分解气体检测方法对于产气量较大的触头烧损或接触不良、局部过热等故障比较灵敏，但 SF_6 分解气体的成分复杂、种类多、含量小、稳定性差，各种气体成分的含量与故障的对应关系目前还不清晰，分解气体容易被吸附而消失，受水分含量的影响也较大。现场也发生过多起设备存在严重放电故障而成分分析检测不到的情况。因此，该方法目前不宜作为早期潜伏故障诊断手段，可以作为事故分析重要辅助手段。近年来，国内电网企业通过气体成分分析发现了大量放电缺陷，证明了其确有一定功效，但该方法仍需要进一步完善。

（四）激光检漏技术

SF_6 气体是目前发现的最稳定的温室气体。充气设备的制造质量、服役时间、密封圈老化等多种原因，使运行中的 SF_6 设备可能出现不同程度的泄漏。SF_6 气体的泄漏会直接影响到设备的安全稳定运行，也关系到人身安全，并可能对环境造成污染。因此开展气体泄漏检测极为必要。传统的检漏方法存在需要停电、需要对密封面逐个检查、待检的漏点多、需要参与测试的人员多、判断结果需要依靠个人经验的积累等缺点，因此一直没有得到大规模推广，规程中规定的预防性试验项目也没有该项检测，仅在基建投产时才进行。

近年来，激光检漏技术开始在电力系统得到应用。该技术克服了传统方法的缺点，具有直观、快速、准确、远距离及带电测试等特点，因此，对加强充气设备状态检测技术起到了有效补充，是一种比较有前途的检测技术。

激光检漏仪是利用 SF_6 气体红外吸收性极强、特定波长激光可以被 SF_6 气体吸收的特性，而制成的成像检漏装置。检漏仪使用了反向散射与吸收气体成像技术，能通过成像外观有效提供 SF_6 气体浓度分布，使正常不可见气体泄漏在视频显示中可视化并能对漏点进行精确定位。图 3-12 是其检测的原理图。

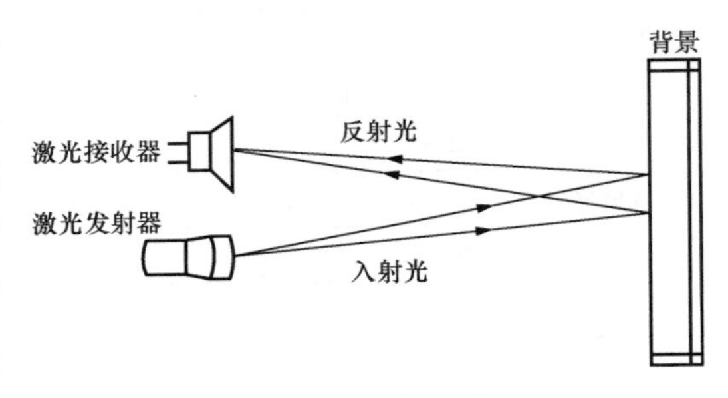

图 3-12　激光检漏原理图

激光成像仪主要由激光发射器、红外探测器、处理器和显示器组成。其检漏的过程如下：成像仪向被测区域发射激光，该激光经过背景的反射或散射后回到检测系统中的红外探测器，被探测的信号经过光电转换、数模转换，经过处理器处理后显示出来。在没有泄漏情况下，产生的背景图像与普通摄像机接收图像相同；而在有泄漏气体出现的情况下，返回的激光被 SF_6 气体吸收而减弱，泄漏气体区域的视频图像会出现变化，产生阴影。气体浓度越大，吸收强度就越大，阴影就越明显，并可在视频中显示，使检测人员可以快速、准确定位。

目前，国内部分供电企业，如国网北京市电力公司等常态化开展了相关检测业务。2008 年，该公司利用激光检漏仪对某 GIS 变电站进行了检测，发现了明显的泄漏点，并经吊检证实。目前，国内激光检漏技术应用较少，自主开发的检测设备也很少，总体上仍处于积累经验阶段。

以上简要介绍了 GIS 设备带电绝缘状态检测技术。SF_6气体微水带电测试技术已经成熟，不再详细介绍，此外，由于决定 GIS 运行状态的重要判据之一为机构的机械特性参数，因此为适应 GIS 状态评价需要，应逐步开展机械特性参数评价工作。相关技术可参见断路器机械特性检测部分。

三、断路器机械特性检测技术

高压断路器在电网中起控制和保护作用，发生故障时如果不能正常动作，会引起电网事故扩大，给系统安全运行带来不利影响。国内外的大量统计数据表明，机械因素是造成断路器事故、障碍的主要因素，机械故障（包括操动机构及控制回路故障）占全部故障的 70%～80%，其他故障占有较小比例，发热故障比例也较低，因此通常把机构检测（包括操动机构控制回路检测）放在状态检测的最重要地位。断路器常见的机械特性检测项目主要有：①合（分）闸线圈通路检测。②合（分）闸线圈电流、电压检测。该项目可以测量线圈电气完整性，反映二次系统状态，并间接反映运动性能。③合（分）闸时间、速度、行程、超程检测。该项目可检测动触头运动特性，反映断路器行程、过行程、运动速度等。④合闸弹簧检测。该项目可检测合闸弹簧机构的压缩工作情况。⑤机械振动检测。该项目可检测其机构部分是否卡滞，运动中有无非正常碰撞等。⑥操作次数统计。该项目可判断是否达到规定的使用次数或维修次数。⑦开断电流加权值。该项目可以间接检测灭弧室及弧触头烧损状况是否达到制造规定值等。本书仅就相关技术进行介绍。

（一）合（分）闸线圈电流检测技术

高压断路器通常以电磁铁作为操作过程第一级控制器件，且多以直流作为控制电源。在分、合闸过程中，电磁铁线圈电流随时间发生变化，波形中蕴藏着丰富的重要状态信息，如是否卡滞、线圈是否短路、铁芯顶杆状态及分/合线圈辅助触点是否良好等。通过对操作线圈动作电流的检测，可以了解二次控制回路的工作情况以及铁芯运动有无故障等，因此，合（分）闸线圈电流是断路器状态检测的一个重要内容。合（分）闸线圈电流可通过霍尔传感器采集，通过实测波形与典型波形进行比较，即可判断断路器有无卡滞等常见缺陷。

（二）振动检测技术

在分、合闸操作过程中，断路器内部主要机构的运动、撞击和摩擦都会引起振动。振动信号中同样包含丰富的状态信息，机械系统结构上的细微变化部分也可以从振动信号上发现。以外部振动信号为特征信号，可以对断路器的状态进行检测，具体做法是在断路器适当部位，如，具有较大的振动强度、较高信噪比的地方，安装振动检测传感器，当分合闸操作时，采集振动信号，经处理后作为诊断依据。

检测到的振动信号分别对应断路器分、合闸过程中特定的动作事件。以振动信号的峰值时间作为各个振动事件的发生时刻，将它们相减后即可得到动触头运动过程中各振动事件之间的时间差，进一步可算出各事件之间的相对时间。如果以接到分、合闸电脉冲时间作为计算各事件发生的基准时间，就能找到动静触头间的合、分闸时刻。将动触头的行程信号同该合、分闸时刻结合，就可以计算出断路器分（合）闸速度、行程、超行程。将三相的分、合闸时刻相比较还可以获得每次动作的不同期参数。对于某一台特定的断路器而言，在健康状态下它分、合闸操作的振动信号具有较强相似性，当振动信号波形有较大变化时，可以间接推测断路器的健康状态是否发生了改变。

振动检测法的优点是不涉及电气参量采集，信号受电磁干扰小，传感器安装于外部，对断路器基本无影响。同时，振动传感器尺寸小、工作可靠、灵敏度高，特别适用于动作频繁的断路器在线监测及不拆卸检修。基于振动信号的断路器机械状态诊断方法是一种间接的、不拆卸的诊断方法。但该方法得到的振动信号一致性较差、特征量提取难的问题目前尚未能很好解决，因此，该方法现场实际应用较少。

（三）行程检测技术

行程—时间关系特性是表征断路器机械特性的最重要参数之一，也是计算分、合闸速度的重要依据。断路器动触头速度的测量，主要通过测量行程—时间关系曲线得到，因此，行程—时间关系特性曲线是断路器状态检测的重要内容。

在实际测量过程中，可以安装一个与动触头一起运动的附加件。当动触头分、合闸操作时，该附加件随同连杆一起做直线运动，通过光电传感器将连续变化的位移量变成一系列电脉冲信号，记录该脉冲的个数就可以实现动触头全行程参数的测量。同时，记录电脉冲产生的时刻值，将位移值与时间相除就可直接计算出动触头运动过程中的最大速度、平均速度。目前，断路器行程—时间特性曲线测量多采用光电式传感器，并配以相应的测量电路。利用操作过程中得到的动触头行程—时间波形，可算出动触头分、合闸操作的运动时间、行程和平均速度、最大速度及时间—速度曲线等特征参数。此外，通过对两相信号的计算，可以得到转轴转动角位移，还可以测得断路器触头运动反弹情况。

市场上行程检测的产品众多，分析诊断方法也基本成熟，有效性及可靠性都较高，为各地供电企业所认同，因此，该方法是目前使用最广泛的机械特性检测方法。

需要说明的是，目前断路器机械特性的停电、不解体测量手段已较为成熟，但要实现带电（在线）检测却存在相当大的难度，目前国内外均没有十分成熟的机械特性在线监测系统。实际上，运行单位还应考虑其利弊得失，如单纯为操作回路的完整性而投入昂贵的在线监测费用，还不如直接更换二次回路的控制器件更为经济和有效。因此，断路器的机械特性测量比较可行的办法是结合维护开展，作为电网企业为数不多的传统设备，维护是必不可少的。

（四）开关柜局部放电带电检测技术

一般地，运行中开关柜产生的局部放电主要以电磁形式（无线电波、光和热等形式）、声波形式（声音、超声波等形式）和气体形式（臭氧、一氧化二氮等气体）释放能量。目前，开关柜带电局部放电检测主要采用非嵌入式检测方法，通常是通过检测局部放电所发出的电磁波和超声波来达到检测的目的。

1. 超声波检测法

开关柜中的局部放电种类很多，有些局部放电几乎不产生热辐射，有些则在很高过电压下才可能产生强烈的热辐射。当局部放电发生时，气泡会受到一个脉冲电场力的作用，同时，在放电过程中存在很大热辐射情况下，通道中电弧电流产生的高温也会在气泡内产生一定压力。因此，放电过程中影响气泡产生超声波的主要因素有两个：①放电时刻的电场力，在较低电压情况下，气泡在脉冲电场力的作用下将产生衰减的振荡运动，周围介质中将产生超声波；②放电以后产生的热引起气泡膨胀而产生的压力。实际上，局部放电产生的超声波往往是以上两种因素同时作用的结果。

用仪器探测、记录、分析声发射信号和利用声发射信号推断声发射源特性的技术称为声发射检测技术，其基本原理如图 3-13 所示。声发射源发出的弹性波，经介质传播到达被检物体表面，引起表面的机械振动，经声发射传感器将表面的瞬态位移转换成电信号，再经放大、处理后，显示出声发射源特性。

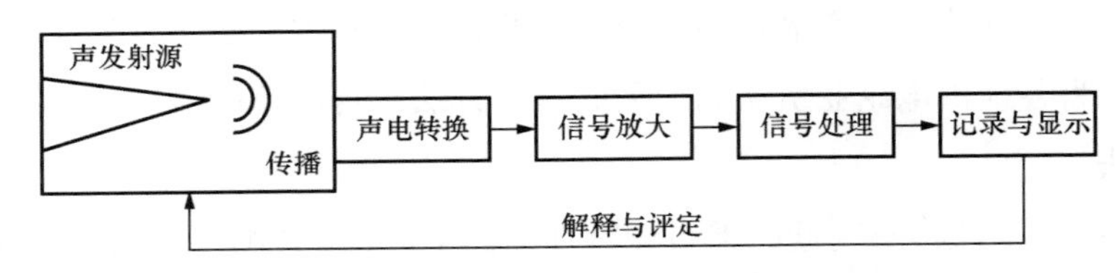

图 3-13　声发射检测技术的基本原理

超声波传感器的中心频率大约为 40kHz，通常固定在被检测开关柜的外壳上，利用压电晶体作为声电转化元件。当其内部发生放电，局部放电产生的声波信号传递到开关柜表面时，传感器将超声波信号转换为电信号，并进一步放大后传到采集系统，以达到检测局部放电的目的。

超声波检测最明显的优点是没有强烈的电磁干扰，但开关柜内部的游离颗粒对柜壁的碰撞，可能对检测结果造成影响。此外，由于内部绝缘结构复杂，超声波信号衰减比较严重，在绝缘内部发生的放电则可能无法被检测到。

与变压器超声波定位一样，也可在开关柜表面布置多个声发射传感器组成定位检测阵列，通过计算声信号到达各传感器的时差，来对放电部位的三维位置进行定位。目前常用的定位方法有 V 型曲线定位法、双曲面定位法、球面定位法、顺序定位法和模式识别法。应用于开关柜局部放电的超声波定位中，这几种方法各有优缺点：V 形曲线定位法简单直观、作图方便，但此方法只在局部放电源附近区域内才有效。双曲面定位法和球面定位法目前应用最广泛，利用计算机能精确地定位出放电源的几何坐标。而顺序定位法和模式识别法，由于开关柜的结构复杂，现场的干扰，声波的透射、绕射、散射和衰减等因素对时延的获取产生了较大的影响，其实用性还需进一步验证。

2. 暂态对地电压（transient earthed voltage，TEV）局部放电检测技术

开关柜内发生局部放电时，其导电部分与接地金属壳之间就有少量电容性放电电荷，沿放电通道会有过程极短的脉冲电流产生，并激发瞬态电磁波辐射。当放电间隙较小时，放电过程的时间很短，电流脉冲的陡度比较大，辐射高频电磁波的能力较强。而放电间隙的绝缘强度较高时，击穿过程比较快，此时电流脉冲的陡度较大，辐射高频电磁波的能力较强。通常开关柜绝缘结构中发生的局部放电信号可以看成是由一个点源所发出的高斯脉冲。

高斯脉冲在无遮挡的条件下，向空间各方向传播，空间探测到的波形为振荡衰减波。高斯脉冲在被完全遮挡条件下，由于屏蔽，产生的电磁波可能无法到达遮挡区域外面，因此，在遮挡区域外探测不到电信号。当电磁波遇到有缝的遮挡时，电磁波会从缝透射出去，传播到遮挡物另外一侧的空间及表面。

根据电磁场基本理论，电磁波在空间传播时，如果遇到导体，会使导体产生感应电流，且感应电流的频率与激发它的电磁波频率相同。因此，开关柜内局部放电所产生的电磁波会在柜体（接地屏蔽）的内表面激发脉冲电流，其幅值大小、频率等参数与电磁波的特性相关。如果柜体（屏蔽层）是连续的，这些脉冲电流会在最小扰动的情况下沿柜体内表面送到大地，导致无法在其外表面检测到放电信号。但实际上，柜体屏蔽层通常在绝缘部位、垫圈连接处等部位出现缝隙而导致不连续，因此脉冲电流将从开口处传到外表面而不越过窄缝隙到达开口的另一端，最终会从开口、接头、盖板等的缝隙处传出，然后沿着金属柜体外表面传到大地，形成一个时间极短的暂态对地电压。通过特制的电容耦合探测器就可以捕捉这个 TEV 信号，从而得出局部放电的幅值（dB）和

放电脉冲频率。

在检测局部放电过程中，通过 TEV 检测能判断开关柜内部是否存在局部放电及其严重程度，同时可以显示放电脉冲数。通过这种仪器，一个普通的运行人员就能结合巡视，发现破坏性局部放电的存在，并可以获得放电活动程度的指示。

测试中，确定局部放电点的具体位置是非常重要的，将两个或多个探测器安装在开关柜箱体不同位置，如图 3-14 所示，通过 2 只电容耦合探测器检测放电点发出的电磁波瞬间脉冲所经过的时间差来确定放电点位置。系统指示哪个通道先被触发，进而表明哪只探测器离放电点的电气距离较近。脉冲是以光速或接近光速进行传播的，所以必须能够分辨很小的时间差，通常为微秒级。采用比较电磁脉冲抵达不同探测器的时间差异来确定放电点的方法要优于采用比较信号强度来确定放电点的方法，因为电磁波的反射可能造成幅值测量结果不正常。

外部电磁波也会在开关柜金属壳体上产生 TEV 信号，因此，需要通过抗干扰技术把干扰信号很好地识别出来。由于干扰信号同时会在其他金属制品（如金属门等）上产生 TEV 信号，所以可以首先在上述金属制品上测量干扰 TEV 信号，然后在设备的金属壳体上测量，通过对比得出设备局部放电活动程度。也可以利用局部放电监测仪所附的多组探测器模拟一个干扰信号，处理器在对数据进行处理时，将干扰信号的影响考虑到输出结果中去。

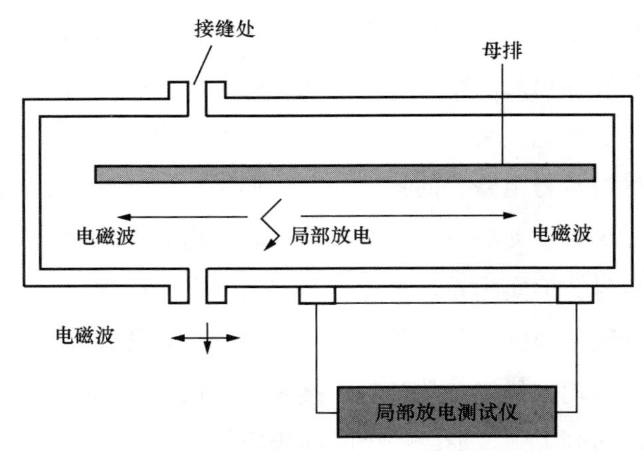

图 3-14　TEV 定位方法的基本原理

3. 检测仪器及判断方法

目前，在开关柜局部放电检测仪器开发方面，技术领先的是英国EA公司，该公司开发了便携式的微型局部放电测试仪和PDM03局部放电检测与定位仪。

（1）便携式微型局部放电检测仪。该仪器有超声波和TEV测量两种模式，通过转换开关可以进行测量模式切换。

当采用超声波测量模式时，通过对开关柜内存在的任何空气路径进行扫描，即可进行超声波局部放电测量。对有放气孔的开关设备，可立刻进行测量；对没有放气孔的开关设备，可通过对盖与箱体之间的缝隙周围进行扫描来测量。因此，对于完全密闭的箱体，超声波技术不一定很适用。但对多数开关设备来说，可通过直接向断路器套管区域或电压互感器的固定或活动部分出口、缝隙部分扫描来进行测量。超声波传感器非常灵敏，能很容易检测出放电所产生的超声波信号，也可以用超声波耳机听到放电产生的声音。

当采用TEV测量模式时，通过TEV检测能够判断开关柜内部是否存在局部放电及其严重程度，同时可以显示局部放电脉冲数。在对开关柜内部设备测量时，用该仪器垂直顶在每个部件面板的正中间测量，如电缆箱、电缆护套、TA室、套管室、断路器室等。仪器的绿色指示灯亮，表示不存在局部放电或放电很微弱；黄色指示灯亮，表示存在放电，但影响不大；红色指示灯亮，表示存在较严重放电，需进一步精密测量。

（2）PDM03局部放电检测与定位仪。该仪器有TEV测量和定位两种模式，可连续监测，并有配套的分析软件。仪器通道带宽达到70MHz，测量范围为10～52dBmV，分辨率为3dB，有8个探测输入和4个天线输入，其中探测输入用于检测局部放电信号，天线输入用于检测背景干扰信号。仪器具有非停电、非嵌入和持续测试等优点。当采用TEV测量模式时，通过对每个通道输入，逐个进行测量来进行检测。仪器选取第一个已连接的通道，然后测量到达传感器的每一次脉冲（最高达每秒1000次）。该通道检测2s，记录每个最大脉冲或至少有两次相等的脉冲，这样的测量过程接着重复2次（4s），自动记录三次测量中最大的脉冲，然后各个通道依次循环上述测量过程并记录各自脉冲。

当采取定位模式时，记录信号采用时间优先原则。如果信号先到某个通道，则该通道记录脉冲幅值和数目；如果先到其他通道，则此通道只记录脉冲数目。通过不同通道收到信号的时间差进行定位，一般最靠近局部放电位置的传感器所感应到的电磁脉冲数量百分比要远高于其他传感器。

PDM03 诊断局部放电的判据主要指标有局部放电幅度（dB）、短期放电严重程度、最大短期放电严重程度、长期严重程度等。各指标意义如下：

局部放电幅度（dB）：由局部放电脉冲产生的瞬时对地电压信号的幅度，单位用分贝（dB）表示，1dB=20log（mV）。

短期放电严重程度：在某一检测区间内所检测到的最大放电幅度（mV）×每个电气周波内的平均脉冲数。

最大短期放电严重程度：在总的检测时间内所检测到的短期放电严重程度的最大值。

长期严重程度：脉冲幅值的平均值×每个电气周波内平均脉冲数×脉冲发生的时间占总监测时间的百分数。

PDM03 常用的诊断方法如下：

1）整体测试法。因现场背景噪声在所有设备上产生的效果是一致的，可以快速地对所有开关柜进行测试，然后记录测试结果，将其绘制成曲线图。若曲线图平缓，说明开关柜内不存在明显的放电现象；若在某个开关柜处的曲线突出，说明此开关柜存在一定放电现象，需用定位仪进一步测试。

2）同类比较法。通过同类型设备的测试结果进行比较，根据对同类设备对应点测试结果的差异来判断设备是否正常，若某一设备的测试结果与同类型设备比较相差大时，则此设备存在放电的可能，应做进一步检查。

3）档案分析法。分析同一设备在不同时期的检测数据（放电幅度值 dB，一定时间内的放电脉冲频率），找出设备局部放电的变化趋势及变化速率，以判断设备是否正常。当设备的测试值偏大时，应适当缩短测试周期。

4）经验判断法。一般可通过测量设备的局部放电幅度、传感器的短期局部放电剧烈程度值、每个测量循环周期内的脉冲数量、最大短期严重程度值、长期严重程度值等几个指标数值，与厂家推荐判据进行比较后判断。

开关柜带电局部放电检测技术是一种比较有效的带电检测技术，能有效发现开关柜存在的可能绝缘缺陷，其中，超声波法对于开关柜表面放电检测较为灵敏，而 TEV 法对于开关柜绝缘内部放电较为灵敏。该技术检测灵敏度较高，容易受到外界干扰影响，可以作为辅助、早期检测手段，用作日常的带电巡检工作。

四、高压电缆状态检测技术

电力电缆在大型城市电网中的作用日益重要，由于电缆是投资巨大的资产设备，其运行状况对电网可靠性影响很大，因此开展电力电缆检测技术研究是当前急需解决的重点问题。1993 年以来，全世界发生的负荷损失在 500 万 kW 以上的大规模电网事故中，有 5 起是由电缆绝缘故障扩大而引起。因此，电缆的安全稳定运行直接关系到电网的安全稳定运行，常态化开展电缆状态检测极为必要。

（一）振荡波局部放电检测技术

电力电缆的交接或预防性试验主要有直流耐压试验、交流耐压试验、超低频耐压试验以及振荡波电压试验等方法。直流耐压对电缆可能造成损伤，不适合作为交联聚乙烯电缆试验方法，且这一结论已得到国内外同行的广泛认可。交流耐压是一种应用较多的电缆耐压试验方法，但对试验设备的容量要求较高，且对于高压电缆线路、更大容量的试验设备很难得到满足，现场操作也很麻烦。电缆的超低频耐压试验方法所需时间相对较长，变频装置笨重，其试验效果与直流耐压试验差别不大。此外，上述试验方法均会对电缆绝缘尤其是交联聚乙烯绝缘的性能产生影响，属于损伤性试验。由于对电缆无损伤、便于现场操作等方面的突出优点，近年来，振荡波电压法在检测电缆局部放电领域受到了越来越多的关注。

振荡波电压法的基本原理是利用电缆电容与电感的串联谐振原理，使振荡电压在多次极性变换过程中在电缆缺陷处激发出局部放电信号，通过高频耦合器测量该信号从而达到检测目的。其检测原理图如图 3-15 所示。

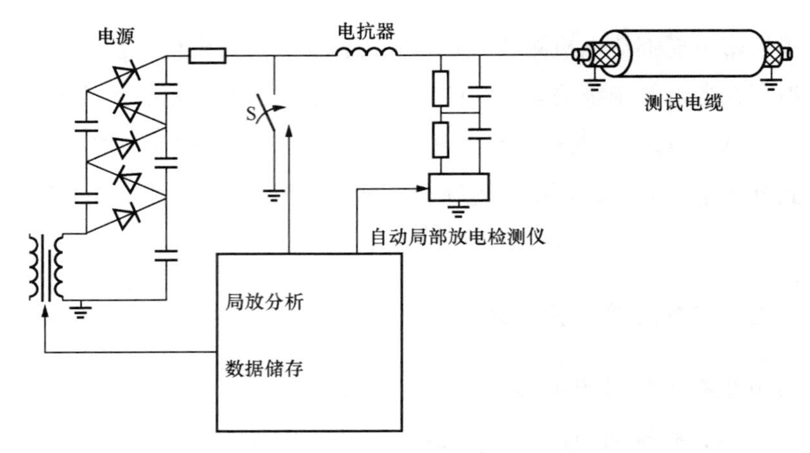

图 3-15　电缆振荡波局部放电检测原理示意图

振荡波电压试验回路包括两部分：①直流充电回路；②电缆与电感充放电回路，即振荡回路。两个回路之间通过快速开断开关实现转换。检测系统由直流升压单元和局部放电检测单元组成，试验需要在电缆停电时进行。

研究表明，施加电压一定时，电缆等效电容越大，充电时间越长。电缆长度一定时，施加电压越高，所需充电时间越长。电缆等效电容越大或电感取值越大，振荡频率越低，振荡回路品质因数就越低。为提高品质因数，当电缆等效电容一定时，应选取更小的电感。当测试电缆很短时，由于线圈电感限制，振荡频率可能超过 1kHz，可通过并联电容的方法来降低振荡频率。

振荡波局部放电测试系统（oscillating wave test system，OWTS）首先向电缆注入一个低压脉冲，该脉冲沿电缆传播到阻抗不匹配点，如短路点、中间接头等，通过故障点反射脉冲与发射脉冲的时间差来测距。得到电缆总长度之后，利用已知的标准放电量脉冲注入线路一端，标定局部放电检测仪的示值尺度。

检测时，通常通过加压回路施加 2 倍以内的直流电压，通过合上高压快速开断开关绝缘栅双极型功率管（IGBT），被试电缆与空心电感产生阻尼振荡。通过对电感进行调节，可以得到 50Hz～1kHz 的振荡波。振荡波电压与 50Hz 交流电压的局部放电定位结果基本一致，说明振荡波电压和交流电压具有等效性。振荡波电压下电缆局部放电起始电压与振荡波频率无关，而局部放电量随振荡波频率降低而增加，通过合理选择振荡波频率，可检测电缆局部放电并得出局部放电点的准确位置和放电量。

研究表明，振荡波电压与交流电压、超低频电压相比，作用时间短、操作方便，对部分类型局部放电缺陷比较灵敏，尤其是对电缆中间接头局部放电缺陷的检测有独特优势。由于其不会对电缆造成损伤，因此具有良好的应用前景。目前，国外振荡波检测已开始应用于110、220kV的高压电缆中，而国内主要还用在35kV以下的电缆中。

近年来，电缆振荡波局部放电检测技术在国内得到了较多应用。我国北京、上海及广州等特大型城市电网均引进了该项检测技术，并发现了多起放电缺陷。2010年，配合亚运保供电需要，广州电网先后组织开展了462条电缆的振荡波局部放电状态检测，累计发现了22起局部放电缺陷，缺陷检出率约为4.8%。

例如，2010年4月某日，试验人员对某10kV电缆进行了振荡波局部放电检测。结果表明，在距离测试端142m左右位置存在集中性放电现象（正好处在中间接头位置），A、C两相施加电压达到1.7U_0（U_0为对地相电压）时，局部放电视在放电量幅值分别达到了280、275pC。两周后，对该条电缆开展了第二次检测，结果表明，在同一位置不但存在集中性放电现象，而且放电量有了迅速增长，A、C两相施加电压达到1.7U_0时，视在放电量幅值分别达到了1500、1650pC。结果显示缺陷有了迅速发展，随后进行了解体并重做了接头，更换后复测表明，电缆原有局部放电现象已经消除，未再发现集中性放电缺陷。

由于配网电缆数量巨大，因此10kV电缆振荡波局部放电检测也面临着一个应用策略的问题。如某电网公司2010年有10kV电缆16000多公里，数量达5000多条，如果按5%的缺陷率计算，可以推测出存在放电缺陷的电缆数约为250条，若其中的30%可能转化为故障，则仅75条电缆可能发生绝缘事故。但如果为了防止这部分绝缘事故，而对5000多条电缆开展停电预防性试验，在配网不具备转供电的条件下，会大大降低电网供电可靠性，而在电网完全具备冗余的情况下，全面开展停电预防性试验对可靠性的贡献意义则不大。

该技术目前仍存在如下问题：①该方法不是对所有类别局部放电缺陷检测都灵敏；②目前不能替代耐压试验的效果；③仅在10kV的电压等级比较成熟，在110kV及以上电压等级仍需进一步完善。从电网实际情况看，该技术应主要用在工程投产前的交接验收试验，用作电缆竣工投产前的隐患排查、设备报废前的老化及寿命评估、某些特殊的保供电场所以及某些特别重要的用户等。

（二）超高频局部放电检测技术

用于110kV及以上电缆局部放电的检测方法主要有声发射法和电磁耦合法，其中电磁耦合法使用的传感器可以分为电容型传感器、电感型传感器、超高频传感器和金属膜传感器等。

超高频法是很受关注的一种局部放电检测方法。电力电缆内部的局部放电源可以看成是一个点脉冲信号源，即由放电产生电磁扰动，并随时间变化而在空间传播的电磁波。该电磁波是时间和位置的函数，是一种横向电磁波（TEM波）。由于电缆的同轴结构可以看作电磁波的波导，因此这种电磁脉冲可以沿着电缆传播。在现场测量时，距离传感器较远的干扰衰减较快，且可以利用适当的方法进行识别，所以理论上超高频技术适用于电缆及其接头附件的检测。值得注意的是，超高频信号的衰减要比低频信号严重，一般只能在电缆中传播几百米，所以带电（在线）检测时要安装多个传感器，而且尽量安装在靠近电缆的接头或端部处。

超高频法包括超高频电容耦合法和电感耦合法。其中，超高频电容耦合法是将金属箔片作为超高频电容，贴在靠近被测电缆接头上，剥去了部分外护套的一段电缆外半导电层作为测量电极，被测量信号从耦合器上的输出端子输出，电缆中断的金属屏蔽层经导线连接。在工频电压下，由于外半导电层的阻抗远小于绝缘层的阻抗，故可视为工频地电位，电容耦合器不影响电缆绝缘效果，而在超高频下，外半导电层阻抗与绝缘层阻抗为同一数量级，而地电位为金属屏蔽层，故有利于高频信号的测量。

超高频电感耦合法是一种利用线圈作为传感器，对螺旋状金属屏蔽电缆进行局部放电检测的方法。该检测方法要求被测电缆金属屏蔽为螺旋带状绕制而成。当电缆中存在局部放电，局部放电脉冲电流沿电缆屏蔽传播，该电流信号可分解为沿电缆长度的轴向分量和围绕电缆的切向分量。切向分量的电流产生一个轴向的磁场，变化的磁场穿过传感器时，传感器上因磁通变化而感应一个双极性的电压信号，因此检测系统便可测量到局部放电信号。

图 3-16 是意大利生产的 PDCheck 局部放电检测系统中高频 TA（HFCT 传感器）、电感耦合器（FMC 传感器）示意图，其中，HFCT 传感器主要测试频带范围为 16kHz～30MHz，安装于电缆终端或中间接头的接地线上，通过检测接地线上的脉冲电流进而检测局部放电信号。FMC 传感器即为电感耦合器，主要用于 HFCT 不能使用的电缆测试和电缆局部放电定位。FMC 传感器采集一个沿着电缆传递的局部放电信号。

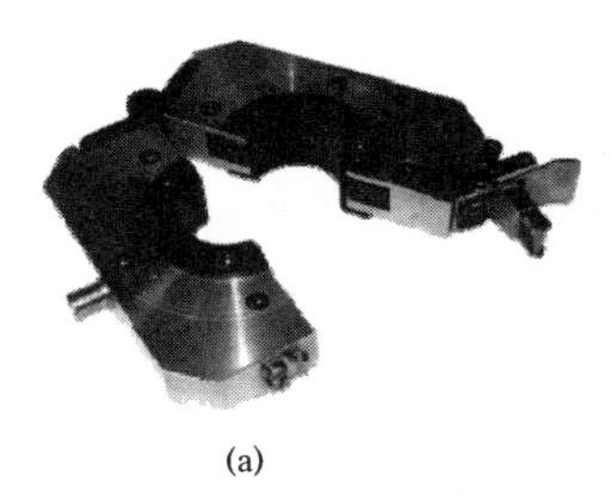
(a)

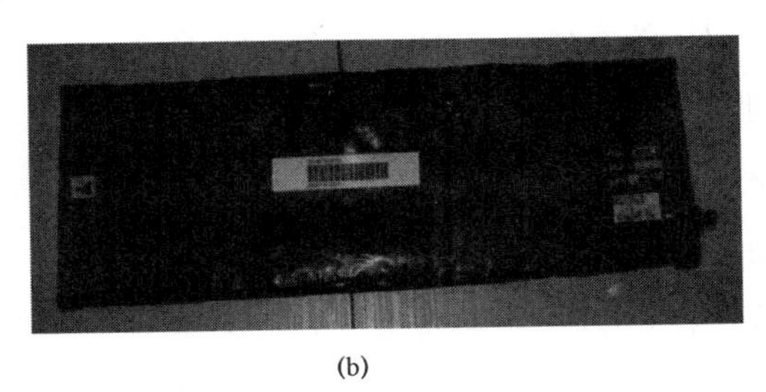
(b)

图 3-16　局部放电测量传感器示意图
（a）HFCT 传感器；（b）FMC 传感器

电缆超高频带电局部放电检测技术灵敏性较高，是电缆本体及终端局部放电缺陷检测较有发展前途的方法。国网北京市电力公司曾利用 PDCheck 局部放电检测仪先后发现了两起放电缺陷，并经解体证实。相对于其他的带电检测技术而言，电缆的带电检测技术在国内处于起步阶段，现场的应用规模、积累的测试数据均不多。目前，高压电缆尚没有公认的十分成熟有效的带电检测手段的情况下，应积极开展对高压电缆超高频局部放电检测的应用实践，以积累经验。

五、容性设备状态检测技术

容性设备主要指油纸电容型电流互感器、电容式电压互感器、套管、耦合电容器、氧化锌避雷器（MOA）等设备。容性设备一般分为油纸绝缘、SF_6气体绝缘和固体绝缘3类。从运行情况分析，容性设备的机械缺陷、过热缺陷较少，而绝缘缺陷是引起事故的重要因素，应是状态检测重点关注的缺陷类型。由于介质特性不同，因此，不同类别设备状态检测参量、方法也不尽相同，其中，SF_6设备可参照GIS充气设备检测项目实施。本节将着重针对油纸绝缘和固体绝缘进行阐述。

（一）同相比较法介质损耗带电检测技术

针对油纸绝缘和固体绝缘，国内外开展较早和较多的是容性设备的电容量、电容电流、介质损耗（$\tan\delta$）等参量的检测。随着制造技术的发展，油纸电容型、固体绝缘设备由介质损耗超标而引起的缺陷、事故已很少。如广州电网2000～2010年的预防性试验统计数据表明，耦合电容器（OY）、CVT介质损耗超标的案例仅2起。此外，现场经验表明，对于电容型设备而言，重点的检测项目应放在电容量的变化上面。

电容型设备的缺陷率总体较低，因此，大规模应用在线监测技术在经济方面未必合理，带电检测应是首要的绝缘监督方式。电容型设备的带电检测技术正在蓬勃发展，有关介质损耗和电容量的带电（在线）测量已取得较多现场应用经验，积累了大量测试数据。国内开发出了以介质损耗和电容量为测量目标的绝缘监测装置，并在多个单位试运行。运行经验表明，系统的短时测量结果与停电测量结果有较好的一致性，但长期稳定性、抗干扰能力等需进一步解决。

介质损耗的测量包括以TV或CVT二次电压为基准信号的绝对值测量和采用同相电容型设备为参考信号的相对测量两种方法。绝对值测量结果比较直观，但精度不太理想。大量现场测试数据表明，绝对值测量方法测得的电容量结果比较稳定，同停电预防性试验数据比较接近，但介质损耗在线或带电测试结果与停电预防性试验数据不具有可比性。这是因为与停电试验相比，在线或带电测试影响因素更多，测试结果分散性更大。稳定性差、分散性偏大一直是影响电容型设备在线或带电测试大规模推广应用的主要因素。近年来，随着传感器和数字测量技术的发展，测试系统的稳定性有很大提高，而测试结果的分散性依然存在。测试环境的变化，如温度、电压、负荷等外在因素的波动，是造成测试结果不确定的主要原因。而同相比较法的引入较好地解决了这个问题。

同相比较法是指测量变电站中同相电容型设备之间的介质损耗差值和电容量比值，并根据其介质损耗差值和电容量比值的变化量来判断设备的绝缘状态。采用同相比较法进行电容型设备带电测试，需要两个同相的电容型设备，其中，一个作为被试设备，一个作为参考设备，测量它们之间的 $\tan\delta$ 差值以及电容量比值（C_x/C_n），并根据 $\tan\delta$ 差值以及电容量比值的大小、变化趋势来判断设备的绝缘状态。由于外部环境（如温度等）、运行情况（如负荷等）、干扰的变化而导致测量结果的波动，会同时作用在参考设备和被试设备上，它们之间的相对变化则保持稳定，因而较好消除了外部干扰因素的影响，使测量结果具有较高的灵敏度和稳定性。

同相比较法带电测试原理如图 3-17 所示。

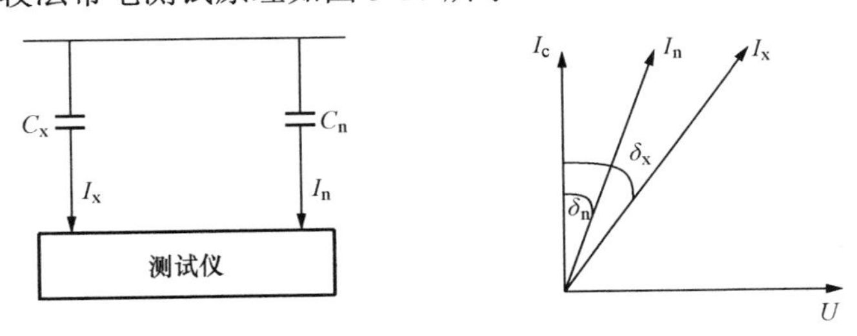

图 3-17　同相比较法带电测试原理图

图 3-17 中，参考电流 I_n 和被测电流 I_x 为参考电容设备 C_n 和同相的被测电容设备 C_x 末屏接地线上流过的电流，其比值即为电容量的比值。设两者的介质损耗分别为 $\tan\delta_x$ 和 $\tan\delta_n$，在小角度范围内有 $\Delta\tan\delta=\tan\delta_x-\tan\delta_n=\tan(\delta_x-\delta_n)$，其角度差的正切值即为两设备的介质损耗差值。只要计算出两者的介质损耗差值和电容量比值，通过比较它们的变化趋势就可以发现设备的劣化情况。

国内外多年带电测试研究表明，采用相对测量的诊断方法更能有效消除外部因素对测量结果的影响。IEEE 推出的带电测试导则明确强调，相对测量可能比绝对测量有更高精度，特别是采用计算机将几个试品相比较时，效果可能更好。

互感器同相比较法带电测试技术已趋成熟。该方法对介质损耗、电容量的测试比较灵敏、准确，可结合带电取油样开展逐步延长容性设备停电预防性试验周期或替代停电试验。国网北京市电力公司、广州供电局有限公司等电网企业均较大规模地推广了该项技术，并取得了良好应用效果，通过带电测试发现了多起设备潜在缺陷。其中，国网北京市电力公司、广州供电局有限公司均通过该技术的应用，将 110～220kV 容性设备停电试验周期从 3 年延长到 6 年，安全性是有保障的。这种模式带来的益处很明显：①在带电取油样基础上可实现不停电预防性试验，按广东电网公司 2010 年电流互感器数量计算，可减少停电 4000～8000 次；②可大幅度减少操作次数，提高生产效率，节省成本。值得注意的是，加强带电测试端子箱的维护是有必要的。

（二）局部放电带电检测技术

国内电网企业在推进状态检测模式从“停电试验”到“带电测试”转型的过程中，虽然多数典型缺陷找到了较好的带电测试方法，但仍然遇到了一些盲区，如目前互感器和变压器套管的局部放电缺陷缺乏有效的带电检测方法。运行经验表明，这些局部放电缺陷造成了较多事故，例如，1995～2013 年，广州电网变压器套管发生过两次爆炸事故均是因为局部放电缺陷扩大造成的。由于目前电容型设备介质损耗超标缺陷已越来越少，且具备了红外、同相比较法带电测试等多种检测方法，而局部放电检测现场尚没有好的带电测量方法，因此加快研制适应现场需要的互感器及套管局部放电检测系统极为必要。

对于容性设备瓷套表面的沿面放电，采用紫外成像仪、微光夜视仪均可有效检测，甚至在光线合适的条件下，肉眼也可观测到。对套管和互感器内部的放电，可采用的检测方法有超声波法、UHF 阵列天线法及高频（超高频）法等。

1. 超声波法

套管或互感器内部发生局部放电时，会产生超声波。超声波在瓷套中的衰减较小，因此通过在瓷套处接收超声波信号可以检测到套管或互感器内部的局部放电。超声波法应用的最大困难在于测量传感器的安装，在瓷套表面安装超声波传感器存在一定的技术困难，运行部门对在瓷套表面开展带电作业也持抵制态度。如果超声波传感器不紧贴瓷套安装，而是保持一定的距离，则局部放电产生的超声波信号要被传感器接收，需要经过空气进行传播，由于超声波在空气中衰减十分严重，因此会极大降低检测灵敏度，无法发现缺陷。

2. UHF 阵列天线法

局部放电会产生 UHF（特高频）频段的电磁波，这种电磁波可以透过油纸绝缘以及瓷套向四周传播，通过 UHF 天线可能检测到这种电磁波，从而判断套管内是否存在放电。使用 UHF 阵列天线，不仅可以判断是否存在放电，还可实现放电的定位，因此，有利于排除套管出线接触不良导致的干扰。UHF 阵列天线法无需在套管或互感器处安装传感器，天线本身具备一定的抗干扰能力，加上可以对放电缺陷进行定位，可进一步排除干扰，因此，它是一种较有前途的套管或互感器局部放电检测方法。

华北电力大学曾在福建南浦电厂利用 UHF 天线对套管局部放电进行了检测。在该变压器外部可以用天线检测到如图 3-18 所示的放电信号，初步判断存在悬浮类的放电。测试过程中，移动传感器的位置，信号波动很大，传感器远离变压器及在厂房内部时，放电幅值迅速降低，甚至完全消失，而传感器接近 C 相套管时，信号最强，最大脉冲幅值可达 500～600mV。检测结果初步判断变压器 C 相套管附近存在悬浮性局部放电，其发生部位大致在高压引线至套管内的高压导杆上。检测完毕后，该变压器吊检证实了放电缺陷的存在。

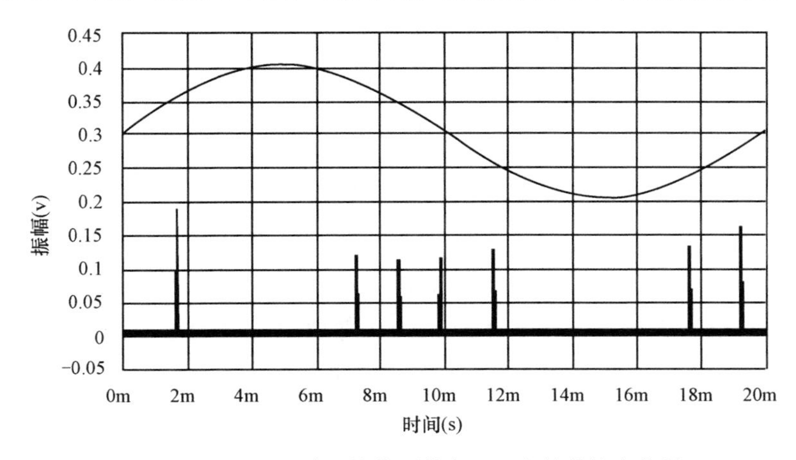

图 3-18　UHF 传感器接收到某变压器套管的放电信号

需要说明的是，上述测量并未使用阵列天线而是单个天线，如使用阵列天线，则可对放电点做进一步精确定位。近年来，国外在使用超高频无线模式检测变电站高压设备局部放电缺陷的研究上取得了一定进展。该模式有两种检测方法：①在变电站安装固定天线接收局部放电信号，通过多个天线对放电缺陷进行定位；②采取车载阵列天线的模式进行局部放电巡回检测和定位。到2010年，已有十余套固定监测系统和多套巡检系统在英国、美国及澳大利亚等国的电网公司应用，并成功发现了多起设备缺陷。国内部分供电企业，如广东省电网公司电力科学研究院、中山供电局，已经引进了该项检测技术进行了现场应用。国内重庆大学、华北电力大学等多家高校也开展了该领域检测技术研究。无疑该项检测技术是套管及互感器局部放电检测的一个重要发展方向，虽然研究的难度很大，但如果取得进展，会给变压器、互感器类设备状态检测带来革命性的突破。

3. 高频（超高频）法

套管和互感器局部放电的带电检测，还可以采用在末屏处取信号，通过有线的方式进行。通常采用高频TA进行信号传感，检测信号频带一般在10MHz以下。现场经验表明，此传感频带面临的电磁干扰比较严重，实际应用存在较多困难和限制。通常，提高检测信号频带可以有效避开干扰，因此，局部放电特高频（UHF）传感是目前较为流行的信号传感方式，然而，过于提高信号传感频率，可能导致对一些类型局部放电的检测灵敏度显著下降。因此，选择合适的信号传感频率尤为重要，包括特高频（UHF，300～3000MHz）和甚高频（VHF，30～300MHz）的频段，通过测量可以得到一组有用的检测信息。

为了避免传统方式信号衰减比较大的问题，可以考虑对末屏接地进行另外一种方式的改造并用于局部放电传感。将末屏处接地线折成螺旋形，构成高频阻抗，在没有影响接地效果的前提下，通过金属盒将高频阻抗和末屏屏蔽，以抑制空间干扰。将高频阻抗上的局部放电信号通过电缆头引至屏蔽盒外进行检测。采用该技术与UHF阵列天线法可能实现多方法联合对套管和互感器局部放电进行带电检测，两种方式互为补充。目前，国外已开发出上述两项局部放电检测设备，国内清华大学、华北电力大学等研究单位也在积极开展相关研究。

（三）氧化锌避雷器（MOA）阻性电流带电检测技术

氧化锌避雷器在阀片老化、冲击破坏及内部受潮时，有功损耗会加剧，泄漏电流中的阻性电流分量会明显增大，通过带电测量有功分量，可以及时发现有问题的氧化锌避雷器，将设备故障杜绝在萌芽状态。

目前，我国电网公司对110kV及以上变电站，均已开展氧化锌避雷器阻性电流带电测试。应该说，在所有设备绝缘特性的带电测试技术中，该技术是最为成熟的，这也获得了国内同行的认同。由于该技术已经在国内大规模推广并发现了大量设备缺陷，因此其详细检测原理本书不再详细论述。

六、架空线路状态检测技术

一般地，架空输电线路的状态主要包括热状态、机械状态、绝缘状态、外部环境状态等，每一类状态又包含多个状态参量。对输电线路进行状态检测，没有必要也不可能对其所有参量全部进行测量，从系统的实际运行情况看，只需针对线路运行重点关注的参量进行检测即可。目前，需重点关注的一些主要参量如下：

绝缘状态：绝缘子表面污秽、爬电、瓷绝缘子零值、合成绝缘子绝缘性能等。

热状态：导线温度、金具温度、合成绝缘子局部温度等。

机械状态：导线振动、风偏、杆塔与基础应力、杆塔振动与倾斜等。

外部环境：微气象、输电线路视频、线路覆冰等。

20世纪90年代以来，随着无线通信技术的发展，线路状态监测开始取得突破，先后开发了“输电线路温度”等一系列监测系统，并进行了大量应用。从实际运行情况看，绝缘状态、热状态和环境状态是运行单位首选的状态检测重点。

从目前架空输电线路的实际运行需求及检测技术的成熟情况看，以下状态量是架空线路状态检测的首选参量。

（一）架空线路温度监测

温度监测系统由若干在线监测装置组成。温度在线监测装置安装在每个局部气象小区的架空导线和导线接头上，实时测量各局部气象条件下导线的平均温度、节点温度、高空环境温度及电流，通过无线的方式将导线温度数据发送到主站分析中心。温度在线监测对确定导线的合理载流量和允许弧垂有积极作用，是适时控制导线的允许传输容量、确保电网稳定的一个必不可少的状态参量。因此，它是需要重点检测的状态参量。

研究表明，导线运行温度、导线弧垂、导线载流量之间存在一定的关系，可以通过建立数学模型分析它们之间的关系。电流通过导线后会产生热量，引起导线温度升高，在阳光照射下导线会吸收热量而升温，与此同时，热量也通过对流散热和辐射散热这两种方式向周围的环境释放，导线的温度变化是这一热量交换过程的体现。

当热量交换趋于平衡时，导线的温度也趋向稳定。在此情况下导线的电流即为载流量。载流量的计算公式很多，但是都基于相同原理，即一定温度下的热平衡。我国推荐公式与 IEC 61597：1995《架空导电体·合股裸导电体的计算法·三类技术报告》比较接近，不同之处在于对流散热的计算，另外，计算环境条件及参数也有所不同。我国规程中载流量计算公式如下

$$I=\sqrt{\frac{P_{\mathrm{rad}}+P_{\mathrm{conv}}-P_{\mathrm{sol}}}{R_{\mathrm{T}}}} \tag{3-10}$$

式中：I 为导线的计算载流量（A）；P_{rad} 为导线的辐射散热（W/m）；P_{conv} 为导线的对流散热（W/m）；P_{sol} 为导线表面日照吸热（W/m）；R_{T} 为温度 T 时导线的交流电阻（Ω/m）。

由式（3-10）可知，导线的载流量由多种因素决定，包括气象条件、允许发热温度和导线自身状况等。上述参数之间存在一定的关系，其核心是导线的温度。在线路参数确定的条件下，导线的弧垂直接取决于其温度，而导线的温度受到环境条件、载流量和导线自身状况的影响，所以导线载流量、导线弧垂及导线温度之间的关系是密切相关的。

通过对线路环境温度的检测，并结合 SCADA 数据的计算分析，可提供线路实时状态的报告，为输电线路提高输送容量、安全预警提供了有力的技术支持，在电网有广阔的应用前景。电网调度运行人员能及时了解输电线路潮流变

化、线路热稳定限额的变化，通过与线路热稳定温度预警值比较，分析输电线路的输送余量，为输电线路动态增容提供科学依据；通过对线路负载实时数据和历史记录的统计分析，能及时掌握线路运行状态的变化，为输电线路的状态检修提供重要数据。

（二）自动气象监测

线路的污闪、导线温升、绝缘状态、微风振动、舞动、覆冰、风偏等故障都受到所在地微气象条件影响，通过测量现场的风速、风向、气温、日照等参数，可为设计和运行部门提供科学决策依据。

气象数据监测系统由若干气象数据监测站组成，气象数据监测站的数量由线路走廊划分的局部气象小区确定，安装在温度监测仪的附近。气象数据监测站实时测量的气象参数有环境温度、风速、风向、雨量、雨强、太阳辐射等信息，通过无线的方式将气象数据发送到主站分析中心。

目前，气象部门已经建成了比较完善的自动气象站，能适时提供比较完整的气象数据。电力部门可以直接安装气象部门提供的自动气象数据接收终端并支付一定的维护费用，就可以使用这些气象数据，因而不一定非要单独建立另一套气象系统，这样，既节省了大量费用，又得到了比较专业的气象数据资料。

自动气象站具有风速、风向、雨量、温度、湿度、气压等气象数据的采集、存储、显示、远程数据通信和计算机气象数据处理功能。它由气象网络中央监测计算机、微电脑气象数据采集仪、气象传感器三部分构成，中央监测计算机有气象监测网络管理、气象数据库、曲线图表统计分析功能等。微电脑气象数据采集仪具有气象数据采集、实时时钟、存储、显示和通信功能。

系统能适应复杂环境，具有覆盖面广、网络稳定可靠等优点。采用超低功耗器件，运用太阳能电池对蓄电池进行浮充方式供电，并具有较强的抗电磁干扰和远距离通信的能力，使用温度范围广在–40～+80℃。

（三）线路视频监控与自动预警

输电线路架设环境复杂、距离长，经常受到外力破坏，如冰雪、地震、泥石流等。此外，由各种外力破坏而引起的输电线路故障也经常出现，一些针对电力设备的盗窃行为，也会引起线路和杆塔严重损坏。因此，开展输电线路视频监控和自动预警研究，对防范自然力和意外事故对输电线路的损害，并在发生意外后的第一时间获知故障位置，对保证电网安全可靠运行有重要意义。

输电线路的视频监控及自动预警，可利用先进的数字视频压缩技术、低功耗技术、GPRS/CDMA 无线通信技术、太阳能应用技术，将现场图像、环境信息通过 GPRS/CDMA 网络传输到监控中心，也可通过短信发往相关管理人员的手机上，从而实现对输电线路及环境的全天候监测，大大减轻巡视人员的劳动强度，提高线路安全运行水平。

系统主要实现对以下一些重点情况的监控：①塔基附近洪水冲刷状况的视频监视；②线路覆冰、覆雪以及导线断线、断股监视；③不良地质变化、突发事件时的应急监视；④杆塔倾斜及倒塔现象监视；⑤绝缘子表面电晕和爬电监视、绝缘子外绝缘闪络监视；⑥线路交叉跨越、导线弧垂、导线（地线）锈蚀情况、导线风偏、振动在线监视等。通过视频监控，可以提供一种快速发现设备缺陷甚至故障的方法和途径，降低运行维护成本。现场监测装置还可随时接受监控管理中心的遥控指令，进行现场信息采集、实况监听、监视、声光报警等，具有传统人工巡检方式所无法比拟的优点。

（四）线路外绝缘污秽监测

在电力系统总事故中，污闪事故次数仅次于雷害，位居第二，但造成的损失却比雷击事故的多 10 倍。监测绝缘子污秽程度，对研究线路污闪机理，改进防污设计，及时提供清扫依据，保障电网安全运行有重要作用。

按照相关国标的要求，在对污秽状况评估中，盐密是唯一可以定量的参数。当绝缘表面积累了污秽物时，盐密或泄漏电流增大，在一定外界条件下就可能造成外绝缘的闪络，因而可以通过测量盐密或泄漏电流大小变化，来对外绝缘污秽进行监测。

目前，绝缘子盐密或泄漏电流在线监测系统在我国已有较多应用，但总的运行情况不理想，能长期稳定运行的不多，相关的技术还有待进一步提高。

七、红外检测技术

电力系统各类高压设备中，导流回路部分存在大量接头或连接件，若导流回路的连接处接触不良，导致回路电阻增大，当负荷电流通过时，必然会引起局部过热。而当设备的绝缘部分出现性能劣化，引起绝缘介质损耗增大，在运行电压作用下也会出现过热。具有磁回路的电气设备，会因为磁回路漏磁、磁饱和等因素造成铁损增大，同样也会引起局部环流或涡流发热。避雷器等电气设备，会因为泄漏电流增大而导致温度分布异常。总之，电力设备的整体或局部性故障往往以其相关部位的温度或热状态变化为征兆表现出来。

红外检测技术已被国内外众多运行单位证实是非常有效的电力设备缺陷检测手段，我国电网企业通过该技术发现了大量潜在设备缺陷。如由于检测效果十分明显，DL/T 393—2010《输变电设备状态检修试验规程》大幅度加强了红外检测的频率，其中 500kV 设备达到了每年 12 次。

通过考察和调研，笔者发现在红外检测技术应用方面，国内外部分供电企业总结出了一些值得借鉴的先进经验。例如，新加坡新能源电网有限公司通过红外检测发现了 GIS 的整体过热缺陷，而国内企业在这方面的实践还不多。国网北京市电力公司通过红外检测发现了高压开关机构箱过热和 10kV 开关柜过热缺陷，广州供电局有限公司则通过红外检测发现了容性设备带电测试端子箱存在的过热缺陷，而这方面是多数运行单位以往忽视和认为难以检测发现缺陷的地方。也可以说，这是对传统红外检测技术诊断领域的一个有效延伸和拓展。

在新型状态检测体系的建立过程中，红外检测技术如何与其他带电测试技术配合起来，对设备进行绝缘诊断是一个值得专门研究的课题。传统观点认为，局部放电会导致故障处温度升高，属于非电流过热型故障，其温度升高量远小于电流型过热故障。红外法对检测电流型过热十分有效，而对部分非电流过热型缺陷不灵敏。但近年来，红外成像检测仪器的性能不断提高，温度分辨率有了大的提升，使红外成像法应用于局部放电一类的非电流过热型故障检测成为可能。

例如，吉林供电公司 2008 年曾利用红外成像检测法，成功地检测到一例 220kV 电流互感器电容屏间的局部放电缺陷。该公司检测到某 220kV 主变压器高压侧电流互感器的红外温度场图中，B 相互感器外瓷套的最高温度为 30.3℃，而 A、C 相同部位最高温度均为 27.2 ℃。该电流互感器解体后，发现其金属膨胀器已发生变形，电容屏表面附着有大量的蜡，说明其放电程度已非常严重并持续较长时间。此外，杭州美圣也曾利用自产的红外成像仪，检测到多起变压器套管局部放电故障，其故障判断的方法主要依据套管上下部的温差，若温差过大或在不同时间点温差波动过大，则可认定存在故障。

上述情况表明，利用红外成像法检测套管或互感器的局部放电是有可能的。当然，局部放电初期其引起的温度升高十分微小，此时红外成像法检测可能有一定难度，但当套管或互感器局部放电处于比较严重的程度时，有可能发现潜在的缺陷。因此，确定合适的巡检频率是一个关键性因素，这也是为何要逐步推广结合巡视开展状态检测的原因。

在拓展红外检测技术的应用领域方面，如开展输电线路合成绝缘子、电缆终端头检测等，需要在运行单位多方面实践的基础上积累经验。

第四节　电网设备在线监测技术运行现状述评

高压设备绝缘在线监测技术无论国内还是国外都进行了大量研究并取得了许多成果，涌现了很多有效的监测方法和装置。

自 20 世纪 70 年代起 ，国外许多电力部门已开始研究并推广应用在线监测技术，目的是减少停电预防性试验的时间和次数，配合状态检修的开展。由于当时监测设备简陋、测试手段简单，因此未能取得很好的应用效果。随着计算机技术和电子技术的飞速发展，在线监测技术及诊断设备也在不断完善，技术水平也在不断提高。如美国、加拿大、澳大利亚、南非等国都投入大量人力物力开展相关技术研究并在多个变电站试运行。从实际应用情况看，这种代表 20 世纪 90 年代技术水平的监测系统准确性有一定保证，但是技术成本和投资较高，实际上不利于电网公司大规模应用和推广。

我国的高压设备绝缘在线监测技术已做了大量的基础工作，在世界上占有重要地位，特别是在现场已有较多的应用经验，并积累了大量数据。

目前，我国已启动智能电网建设和研究，但由于我国尚处在大规模输电技术的发展期，使输电网智能化建设成为我国智能电网建设的重要组成部分。在如何实现一次设备智能化方面，目前国内外尚没有明确模式。其中，IBM 公司提出的概念是利用传感器对关键设备运行状况进行监控，通过网络系统对数据进行收集、整理，通过数据的挖掘达到对系统运行优化管理的目的；埃森哲提出利用传感器、嵌入式处理器、数字化通信和 IT 技术，使电网可观测、可控制，从而打造清洁、高效、安全、可靠的系统；我国国家电网公司颁布的 Q/GDWZ 410—2010《智能化设备技术导则》提出了对设备关键状态量进行监测并通过智能组件实现智能化的建设思路；南方电网公司则提出了“3C 绿色”变电站的概念（3C 即计算机技术、通信技术、控制技术）。从以上实施方案可看出，智能电网建设方案都离不开关键和核心技术之一——高压设备在线监测技术。为了便于运行单位对该技术的研究、应用现状及发展趋势有一个清晰了解，以指导相关业务开展，笔者开展了相关的专题调查与研究。

一、发展历程及现场应用情况

（一）发展历程

近几十年来，带电（在线）检测技术研究和应用经历了以下 3 个阶段：

（1）模拟量测量阶段。这一阶段起始于 20 世纪 70 年代左右，目的是为了不停电对设备的某些参数进行测量而开展应用研究。当时的仪器结构相对简单且要求被测试设备对地绝缘，灵敏度也较差，因此未能得到大规模普及与应用。

（2）数字化测量阶段。这一阶段主要从 20 世纪 80 年代初开始，出现了各种带电测试仪器，使带电（在线）检测技术开始从传统模拟量测试走向数字化测量。摆脱了将测试仪器直接接入测试回路中的经典测量模式，而利用传感器将被测量转换成可直接测量的电气信号，同时还出现了一批通过非电量测量来反映一次设备绝缘状况的测试仪器，如红外成像检测仪、超声波局部放电检测仪等。

（3）计算机远程监测阶段。从20世纪80年代末开始，国内外出现了以数字波形采集和处理技术为核心的在线监测系统。这些系统通过利用先进的测量传感器技术、计算机和数字采集与处理技术，实现了多参数（如介质损耗角 $\tan\delta$、电容量 C_x、泄漏电流等）的在线监测，可实时连续监测各被测量，测量的信息容量大，处理速度快，初步实现了自动监测。

国内在线监测技术的开发与应用，始于20世纪80年代。由于受当时整体技术水平的限制，如电子元器件可靠性不高、计算机应用刚起步，使当时的监测水平较低。20世纪80年代末曾在国内掀起了第一个应用高潮，后来由于种种原因冷却下来，到20世纪90年代中期处于一个低落时期。但一些科研机构、高校并没有放松对该项技术的持续研究，供电部门也没有放弃该项技术的应用。2000年后，随着监测技术、通信技术的不断发展及全面推广状态检修、数字化变电站建设等工作的需要，在线监测技术又开始重新受到重视。

从20世纪80年代开始，原电力工业部与电力工业设备诊断技术协会曾召开多次全国性专业学术会议。特别在20世纪80年代末、90年代初，全国有数十家科研机构、高校在开展该方面监测技术研究。由于介质损耗和电容量的变化对反映设备整体绝缘性能较灵敏，加上当时我国设备制造整体工艺水平不足，设备密封问题一直没有很好解决，介质损耗、泄漏电流超标问题突出，因此，针对设备介质损耗及电容量、泄漏电流等参量的在线监测研究较多。

近10年来，缺陷形式发生了新的变化，对于油色谱、局部放电、SF_6气体质量的检测开始增多，先后出现了大量监测系统并在电力系统挂网试运行。目前，变电类设备主要监测参量有变压器油色谱、绕组光纤温度、本体及套管局部放电、有载开关动态特性，容性设备电容量、介质损耗，避雷器阻性电流，GIS（含断路器）微水、机械特性、局部放电、SF_6气体密度监测等。

电缆及架空输电线路在线监测技术是随着传感器、计算机及新材料技术，特别是无线通信技术的进步而发展起来的。近 10 年来，输电线路在线监测技术得到了迅速发展。目前，已有较多应用的架空输电线路监测系统有气象环境、雷电、架空导线温度、杆塔应力、风偏、微风振动、覆冰、舞动、杆塔倾斜、绝缘子泄漏电流、盐密监测等。电缆的监测项目有局部放电、油气、光纤温度、环流、隧道视频监测等。

近年来，国内先后涌现出了一批新的在线监测技术开发商。以往在线监测系统多数由一次专业主导开发，而这些开发商普遍参与了国内多个智能变电站建设，具备了一、二次系统及信息相互融合的能力，特别是将综合自动化领域的 IEC 61850 协议引进了状态监测领域，并能按该标准建模、向远方监控中心传送数据，使一、二次系统信息模型统一成为现实。如上海思源参与了无锡 220kV 西泾智能变电站建设，实现了对 GIS 局部放电等多个参量的监测；南瑞继保公司参与了广东电网公司远程监测中心建设，实现了综合自动化平台向状态监测领域的延伸；宁波理工参与了延安 750kV 和浙江兰溪 500kV 等多座智能变电站建设；国电南自研发了 NS8000 在线监测系统，并与综合自动化技术实现了集成等。一批在线监测技术的行业标准得以颁布实施，对该领域技术发展起到了积极的作用。

（二）现场应用情况

（1）国外方面。与我国研发重点不同的是，西方国家一般将设备监测重点放在关键资产设备上，且突出了对状态检修的支持。

如法国阿尔斯通开发了变压器状态在线监测系统，可实现对环境温度、油温、电压、绝缘油气体组分、负载电流、有载开关分接位置、风扇切换状态等参量的监测，通过局域网实现了状态监测与状态维修。

日本东芝公司研发了智能化 GIS 设备，通过采用先进的传感器和微处理器技术，将整个组合电器的在线监测系统与二次系统运行在一个综合控制平台上。

此外，欧洲以及美国、澳大利亚、日本等都十分重视线路状态监测技术的开发、应用及与信息技术的融合，开展了大量输电线路状态监测数据采集、传输、存储方法的研究，应用了多种新的检测技术评估设备预期运行寿命。其中，美国、加拿大对输电线路气象环境和运行状态监测装置有一定数量的应用，使用量较大的是电流、导线温度、振动、倾角的测量装置等。

（2）我国国家电网公司方面。福建电网公司是第一个大规模安装在线监测系统的省级电网公司。该公司颁布了“在线监测系统规程”等多项技术标准，同时将在线监测系统建设纳入了新建变电站工程同步建设项目；成立了专业从事系统开发、集成、维护的机构，使监测系统维护水平得到提高。该公司监测的项目主要有铁芯多点接地、电容型设备介质损耗测量、油色谱、套管介质损耗、MOA 阻性电流测量等，并颁布了相关的管理规定。

福建电网公司已确立了在部分重要 110kV 变电站和所有 220kV 及以上变电站，安装在线监测系统的工作模式。到 2011 年底，累计有 96 个变电站安装了在线监测系统，8205 台电容型设备、220 台主变压器实现了介质损耗及电容量、油色谱的自动监测；累计在 127 条 110～500kV 线路上，安装了 200 多套监测系统。到目前为止，该公司积累了约 10 亿多笔的监测数据，为相关技术研究打下了基础。

华中、华北电网公司以及湖南、山西等省电网公司大量安装了线路覆冰、导线温度、导线舞动、绝缘子污秽及气象环境等监测装置，实现了省公司层面的集中管理。目前国内已有多项线路在线监测标准发布实施。

（3）南方电网公司方面。广东电网公司启动了高压设备远程监测中心建设，并在省电科院成立了远程监测所。到 2011 年底，该公司累计对 181 个变电站实现了远方监测，共计接入 GIS 超高频局部放电在线监测装置 508 个间隔、油色谱在线监测装置 544 套、开关机械特性在线监测装置 80 相、容性设备介质损耗及电容量在线监测装置 186 相、主变压器超高频局部放电监测装置 26 台、MOA 阻性电流监测装置 234 相，所有数据均按 IEC 61850 标准协议，实现了信息集成和高度共享。

云南电网公司建立了高压设备技术监督数据分析中心，实现了数据自动采集、集中整合。到 2011 年底，该公司已接入 9 个供电局 20 个站 96 套介质损耗及电容量在线监测装置、69 台 500kV 主变压器、103 套覆冰及环境在线监测系统，并发布了 9 次设备预警。

广西电网公司建立了主设备安全预警决策平台，将生产 MIS、绝缘在线监测系统、SCADA 系统进行了整合，形成了统一数据平台，并实现了设备管理的三维展示。到 2011 年底，决策平台累计接入色谱监测系统 180 套、容性设备在线监测系统 102 套、GIS 温度监控装置 45 套，接入污秽监测装置 103 套，并在逐步覆盖到骨干网络。目前该公司正在开展 GIS 及电缆局部放电在线监测系统建设，初步实现了预警、故障自动诊断、状态风险自动评估等功能。

随着国内大规模推广状态检修与状态评估工作，各省电网公司都在上状态评价中心和数据集成平台，在线监测技术的应用规模还在逐步扩大。

二、在线监测技术应用效果评价

从运行角度考虑，在线监测装置的投入不应改变和影响设备正常运行，应具有连续监测和自动预警功能，抗干扰能力要强，运行可靠性要高，重复性、灵敏度及准确度要高，最好具备在线标定灵敏度功能，以及维护工作量小、性价比高等特点。从国内现场应用情况看，目前普遍长期稳定性较差，整体尚未达到理想水平。实际上，国外电网公司也没有大规模应用先例。

（1）福建电网公司研究和应用实践表明，虽然绝缘在线监测装置已运行多年，但技术还不完善，原理还不成熟，数据的真实性、有效性都有待提高。例如，该公司氧化锌避雷器阻性电流监测不稳定的比率达到了 22.1%，运行中的油色谱监测系统数据与停电数据偏差 30%以上的达到了 50%左右，虽然也发现了一些数据异常案例，但对多数突发性故障仍不能及时反映，投入产出比不太合理。

（2）广西电网公司监测系统的运行表明，系统的稳定性、准确性存在的问题较多，目前缺乏有效的数据校核与维护机制。很多数据不能真实地反映设备的状态，误报警的数量仍占一定比率。

（3）国网北京市电力公司曾在多座变电站安装多个单位开发的监测装置，但效果不是很理想。目前，该公司主要也是通过带电测试开展设备的状态检测与评估。广州供电局有限公司 2007 年起累计安装了 46 套油色谱在线监测系统，从运行情况看，测试精度有一定保证，但维护工作量较大，达到了正常绝缘油预防性试验工作量的 6～7 倍。2010 年广州电网绝缘油在线监测系统运行统计数据如图 3-5 所示。

表 3-5　　2010 年广州电网绝缘油在线监测系统运行统计

系统厂家	平均安装时间（年）	平均故障次数	故障率（故障时间/投运时间）
厂家一	3.9	6	23%
厂家二	2.1	9	22%
厂家三	4.2	13	46%
厂家四	4.3	2	6%
厂家五	2.2	6	39%

从我国的现场应用情况看，虽然多年的研究提出了大量监测技术与方法、信号传输技术，抗干扰技术也有很多突破，但除少数系统，如温度监测、铁芯多点接地等应用较有成效外，总体应用效果仍不太理想。如从原电力部 1999 年对全国 57 个集中型绝缘在线监测系统的运行调查情况看，比较正常的仅占 29.8%，特别是长期稳定性较差，一般一套系统的运行寿命仅为 5～6 年。

西安交通大学近年曾组织对国内 31 个供电公司在线监测系统运行情况进行了调查，具体结果如表 3-6 所示。很多运行单位反映虽有较多的监测系统投入，但实际运行效果并不理想，监测系统能长期稳定运行的很少，给出的测试数据不稳定或不真实，使本来可能及时发现的缺陷未能发现，此外，测量数据难以用作状态评价的依据。总的来看，性能价格比、投入产出比都很不理想。分析表明，这其中既有系统硬件、软件的问题，也有管理不善的问题，即如何严把入网关，如何更好地运用及维护系统。

原华东电网公司电力科学研究院曾对国家电网公司系统 2005 年安装的在线监测装置运行情况进行过专题调研，部分结果如表 3-7 所示。虽然已安装的在线监测装置有很多成功报警的，但装置自身的缺陷与问题更为突出，值得重视。

表 3-6　31 个供电公司在线监测系统运行情况统计

运行情况/类别		电容型设备		避雷器		油中溶解气体		断路器特性		分接开关特性
		固定式	便携式	全电流	阻性电流	H_2、CO 读数	多组分含量	油断路器	SF_6 断路器	—
运行正常	国产	764	717	13692	26	35	10	6	6	0
	进口	2	0	17	0	94	51	0	0	4
运行不正常	国产	8	8	32	0	6	3	4	7	0
	进口	41	0	0	0	3	2	0	0	0
已退出或报废	国产	285	2	13	99	18	1	0	0	0
	进口	0	0	0	0	11	0	0	0	0
总计	国产	1057	727	13737	125	59	14	10	13	0
	进口	43	0	17	0	108	53	0	0	4

表 3-7　国网系统在线监测设备运行情况（2005 年）

检测对象	已装数	成功报警数	自身事故数
变压器本体	742 台套	19 台次	350 台次
电容型设备	1371	—	133
断路器	58	3	18

目前，虽然在线监测技术在我国应用已经较为广泛，取得了一定的实际成效，但仍存在不少突出的问题。

（1）缺乏有效的评价体系。缺乏对被监测的参量特性进行深入的研究，缺乏对测试结果受各方面因素影响情况的深入研究。由于不同系统的测试条件、应用方式、测量原理、判断标准都与传统的停电试验不同，难以进行相互的比较。因此，必须建立相应综合评价体系，及时完善相应通用设计标准、现场测试、校验设备及验证相关技术标准的研究和制定，这是现场大规模推广的前提。

（2）电磁兼容与连续稳定运行问题。开发的产品性能不高，受传感器等技术限制，测量准确度和连续运行稳定性都达不到设计的基本要求。由于运行环境恶劣，如户外湿度大、温差大，测量装置是强弱电耦合系统，电磁干扰大等，导致系统稳定性及精度均不理想。

（3）管理制度不健全。大部分系统权属不明，缺乏足够的管理维护，导致很多系统不能正常运行。

（4）性能价格比不理想。投入较昂贵，而实际取得效果不理想，相对带电测试技术而言，在线监测系统的竞争力较弱。

目前，由于缺乏系统的误差分析与理论研究，在是否可以替代停电试验的问题上，没有一致性的定论，使在线监测系统仍难以大规模推广应用，主要表现在以下 3 方面：

1）相关判据研究不充分，经常导致误判断。对监测量与运行寿命间的关系研究也不充分，难以根据监测结果做出综合判断。

2）没有统一的标准。对于不同的单位、仪器设备，开发单位采用的方法、检测参量、判断标准均不相同，彼此之间的测试数据缺乏可比性，没有一个统一的技术标准，导致不同检测装置之间的数据基本不具有可比性。

3）目前在运的监测系统信息模型、通信规约有待进一步统一。数据融合技术仍需进一步研究，各类数据不能高度共享，不同设备、系统之间不能实现信息的互通、互联，妨碍了智能决策、网络控制等功能的实现。

由于目前国内普遍采取通过在线监测配智能终端，实现一次设备智能化的模式，因此，该项技术是一次设备智能化的关键，需要今后重点研究。其中一个可能的解决方案是，在设备制造阶段即提前介入安装监测传感器或进行一体化的设计，改变过去搭积木的方式，这样不但可以使设备更加紧凑、安全，也可以较大幅度地提高系统抗干扰水平。由于需要对传统设备做较大幅度改进，投入人力物力较大，因此厂家普遍介入不够，今后应加强用户、制造商与开发机构合作，完善一体化设备设计、制造。

随着设备制造水平的大幅度提高，运行中发现的绝缘缺陷越来越少，在线监测技术对于未来电网的价值，以及其使用策略，都是需要专题研究的，相关技术经济可比性的研究内容，可参见本书第四章相关内容。

三、在线监测技术的发展方向

目前，在线监测技术正经历一个迅速发展期，将逐步向以下方面发展：

（1）逐渐实现一、二次系统的高度融合。从独立的监测系统向与变电站自动化系统相融合发展。由于与变电站综合自动化系统相融合，统一建模，系统省去了昂贵的光纤传输网络，可直接通过网络实现数据共享，不必每个变电站都安装后台系统，大幅度降低了投入成本，从而为大规模实用化打下了基础。

（2）逐渐从集中式模式向分布式监测模式发展。光纤技术的大规模采用，使系统的测量精度大幅度提高。

（3）逐渐从分散建模到面向 IEC 61850、IEC 61970 统一建立信息模型方向发展，逐步由电网统一装置测试原理、通信规约、数据格式等，促进数据共享。由于一、二次设备数据模型相同，因此，所有数据按统一格式进行表达，促使生产商按照统一模型开发系统，为今后标准的统一打下了基础。逐渐从独立的通信系统向以太网或局域网传输方式发展，逐渐向模块化、兼容性方向发展。

由于智能电网建设的需要，运行、设备制造、检测装置开发单位间的沟通得到了加强，使长期存在的许多问题有取得实质性进展的可能。通过对相关技术标准进行统一，指导了生产商开发系统，从而可能会出现生产商与运行企业双赢局面。随着智能电网建设的深入开展，无疑为在线监测技术的发展提供了新的机遇并赋予了新的内涵，从而克服以往存在的种种问题，实现较快发展。

第五节　状态检测技术亟待解决的关键问题

以带电（在线）检测为主的状态检测模式尚没有建立完整、配套的标准体系，存在大量的关键技术问题亟待解决，给现场诊断带来了较多不确定性，因此开展配套的关键技术专题研究，是大规模推广这些检测技术的前提和基础。

一、带电检测技术需要解决的关键技术问题

（一）建立统一的带电测试技术诊断标准

目前，带电测试仪器设备类型已很多，但除红外检测、避雷器带电测试等少数诊断技术已有比较明确的技术导则外，其余多数诊断技术都没有明确的诊断标

准和判据。由于带电测试技术多采用模式识别，对检测人员的素质要求高，且不同厂商设备之间的判据不尽相同，仪器原理也不尽相同，不利于技术的推广使用，因此，应逐步建立各类检测设备统一的诊断标准。目前，这些主要的诊断技术有变压器超声波带电局部放电检测、开关柜暂态地电压、超声波局部放电检测、GIS 超高频、超声波局部放电带电检测、SF_6气体组分分析、SF_6气体动态离子分析、电缆局部放电带电检测、激光检漏、电缆振荡波局部放电检测等。

（二）建立带电测试技术的典型缺陷图谱库和标准化作业指导书

与停电试验相比，带电测试受到的外在干扰更大，现场操作更为复杂，不便于一般工人使用。因此，为了普及这些带电测试技术，应在大量现场检测经验积累的基础上，逐步建立主要检测技术的典型缺陷图谱库，为现场缺陷模式识别打下基础。同时，需要建立其标准化作业指导书，规范现场操作步骤。

（三）带电测试仪器的校验方法及标准体系

目前，多数的带电测试仪器没有统一的校验方法，对测试结果的准确性带来了较大的不确定性，不便于现场的推广使用。近年来，部分省的电科院已经开展了红外检测、GIS 超高频局部放电检测、开关柜局部放电检测技术检定与校准标准体系建设，收到了较好效果。因此，对于成熟的带电测试技术设备应逐步开展标准化校验工作，研究并制订状态检测技术的仪器选取原则、关键技术指标和灵敏度校验方法。

（四）不同带电测试技术的评价体系

目前，同一设备采用不同带电测试厂商生产的仪器设备测试数据的可比性较差，导致无法进行不同厂商测试设备之间的比较，因此也难以判别不同厂商之间测试设备的优劣，因此，应逐步建立统一的不同测试设备的技术评价体系。

二、在线监测技术需要解决的关键技术问题

（一）长期稳定性与电磁兼容问题

由于在线监测系统一般的运行寿命只有几年，并且投资较大，因此限制了它的大规模推广。要大规模推广在线监测首先需要解决系统的长期稳定性和电磁兼容问题，使测量精度能够提高。

（二）在线监测技术的评价体系

由于测量原理、测试条件、判断标准都与传统停电试验不同，无法进行不同厂商测试设备间的比较，因此也难以判别不同厂商之间测试系统的优劣。

由于没有统一标准，不同在线监测系统之间不具有可比性，因此，必须建立相应的综合评价体系。

（三）不同设备在线监测关键特征量选取的研究

目前，对不同监测参量对电气设备整体绝缘的影响程度进行评估的研究还不够充分，相关判据研究也不够充分，导致经常误判断。此外，对相关的关键绝缘特征量研究不够，应深入研究关键设备典型缺陷及故障的物理效应和有效的电量或非电量检测技术，解决目前状态评价参量不能完全体现设备状态的问题。应加大被检测量与设备运行寿命之间关系的研究，为设备老化评估提供技术支持。上述情况导致研发的产品与实际情况的差距较大，造成了大量不必要的研究。

（四）通用设计标准研究

要大规模推广在线监测技术，首先应采用标准化设计，采用统一的监测参量、测试原理、判断标准、通信规约和数据格式，这样，不同厂家之间的测试数据才有可比性，系统才具有大规模推广的前提和基础。

结合不同设备的特点，设计符合 IEC 61850 协议要求的智能装置，并通过数字化接口输出，是今后开发数字化变电站中在线监测技术的关键。应重点研究相关量测技术及如何通过合并单元接入过程总线的问题。开发将传统一次设备（如 TA、TV 和断路器等）接入过程层总线的智能终端。智能终端能实时采集 TA 和 TV 输出的模拟信号、开关设备的状态等信息，也能用硬接线控制开关设备。智能终端具有符合 IEC 61850 标准的过程层总线接口，可通过过程层总线与间隔层设备交换信息。智能终端还具有同步脉冲输入接口，可实现同步采样以满足保护设备和测量设备对采样同步性的要求。

（五）现场测试、校验技术标准

现场测试、校验设备及相关技术标准的制定，是系统实用化的基础和前提，多数在线监测系统都没有十分成熟的现场测试、校验设备及相关技术标准。

应重点研究在线监测系统与智能转换终端标准化测试方法和评价规程，研究变电站设备间一致性测试所需的测试用例、测试环境、测试方法和评价规程，保证测试的准确性和完整性。

提前开展数字接口智能设备的调试和校验规程研究。由于输入、输出接口都改为数字接口，原来模拟接口的调试和校验的设备与方法不再适用。应根据数字接口设备的特点，制定相关调试和校验的设备标准与方法标准。

（六）在线监测技术信息化专题研究

在线监测包括对变电站设备、输电线路和配网设备的量测，由于所处情况不同，因此对于通信网络的整体需求也不同。输电线路分布地域广，有必要建立一个覆盖全网的无线通信网络，制定统一的数据传输规约标准，建立分层、分级的监控网络和统一的数据分析平台。变电站则应结合数字、智能变电站建设，以光纤通信为主。由于配网范围比输电网范围大得多，技术选择对投资的影响特别大，应综合考虑上述两种方式，对其中的相关技术专题进行研究。

应重点研究基于数字、智能电网建设要求的状态监测信息模型和信息交换模型，使系统能够按照数字、智能电网要求接入。按 IEC 61850 标准建立变电站中各种设备的信息模型，包括数据模型和功能模型。设备间交换信息均使用该模型，进一步构建统一的信息平台。

（七）状态参量可视化专题研究

输变电设备在线监测数据应逐步实现可视化，通过可视化技术实现不同设备健康状况的直观展现，使用户一目了然地看到设备的健康状况。

（八）专用模块化插件的研制和开发

采用模块化设计可大大降低开发难度，其也是今后发展的重点方向之一。设备的模块化可带来以下好处：①提高可靠性，由于同一模块的大量使用，使模块可以经受更多实践测试，减少潜在缺陷；②模块化组件的批量生产可以降低采购成本；③模块化组件可降低建设和维护的时间和费用；④模块化也是组件互通、互联，乃至互换的重要前提。

三、其他关键技术专题研究

（一）开展设备寿命评估相关技术研究

提出根据输变电设备的重要等级，在许可故障概率范围内，预测设备剩余寿命的模型。建立基于状态参量概率分布的输变电设备状态评价与趋势预测模型，为状态检修及资产管理的综合决策提供支持依据。

需要说明的是，开展寿命评估技术研究，是今后我国电网设备状态检测技术的重要发展方向和领域。目前，电网企业的介入还较少，随着资产管理的逐步推进，今后应大幅度加强该领域相关关键技术研究。

（二）状态检测技术与资产管理关联技术专题研究

状态监测与资产全生命周期管理有紧密联系，因此，应在数字电网、智能电网的总体功能框架下，开展相关专题研究实现状态监测系统与生产 MIS 系统、资产全生命周期管理系统的紧密联系。

（三）大数据应用于电力系统设备管理的专题研究

近年来，大数据的分析在国内外得到了迅速发展和广泛应用，并取得了良好的社会经济效益。对于电力设备管理而言，大数据将贯穿未来设备资产全生命周期管理的各个环节，起到独特而巨大的作用。

目前，应研究并提出基于大数据的输变电设备状态评估，风险评价和故障预测模型，实现多模异构数据的高度融合，开发涵盖环境、设备及电网信息的状态评估系统，实现设备数据信息的在线分析与深度挖掘。

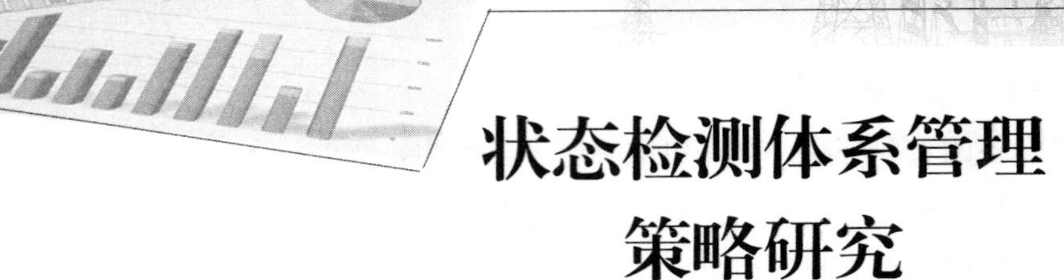

第四章

状态检测体系管理策略研究

第一节　不同状态检测模式技术经济比较

一、状态检测数据需求策略分析

设备的运行状态包含多个维度的特征量，状态检测的过程实际上是获取特征量数据的过程。对于电网设备管理的数字化、智能化，尤其是对各种智能决策系统的高级应用而言，需要根据状态评价或智能诊断等不同应用的需求目的，从电网数据共享平台中调阅所需的数据。由于不同应用系统对数据需求的适时性要求不同，获取数据的手段和策略也应有所不同。

输变电设备所涉及的状态数据范围可概括为以下 4 类：

（1）静态数据。如设备各组成部分物理结构和特性等原始指纹数据、设备在电网中所处拓扑位置等节点数据。这些数据一般是设备自身所固有的，很少变化，也无需通过检测手段获取。

（2）历史数据。包括正常运行状态和各类故障录波信息。此外，反映设备健康状态的交接试验数据、运行中得到的各类检修、巡视、停电试验、设备抽查试验数据等都应作为历史数据保留。

（3）运行状态量和控制量数据。如设备的电流、电压、线路和变电站视频信息、变压器运行温度、节点的负荷水平、导线温度及功率、SF_6 断路器气体压力、有载开关分接位置、风扇切换状态等。这些数据处于动态变化中，可反映设备运行状态，也可作为控制设备的控制参量。这些运行参数的共享都要求是实时的，采样间隔可能为毫秒级（如保护），还可能是秒级（如 SCADA），因此，这些数据需要通过在线方式获取。

（4）健康状态数据。主要包括设备的绝缘状态参量、热状态参量和机械特性参量。如局部放电、介质损耗、泄漏电流等。事实上，由于设备的劣化过程十分缓慢，其变化趋势一般以周、月或年为单位，因此，健康状况特征量检测的适时性要求，远没有运行及控制系统的要求高。根据设备的重要性、不同参量的不同要求，采样的间隔差别很大，可以从几小时到数年。因此，对于健康状态量的检测，应根据各类应用系统的数据需求差别，来调整获取数据的方式和策略，确定是通过停电预防性试验、带电测试、巡视、在线监测，还是结合维护方式得到想要的各类数据。

数据的应用系统主要是指各类智能决策系统。如设备状态检修系统、调度控制系统、变电站自动化系统等。

二、不同检测模式的技术性能比较

（一）停电试验与带电测试的比较

多年的运行实践表明，相当一部分设备的绝缘事故是在历年试验数据都合格的情况下发生的，往往一个设备刚做过试验，但隔一段时间还可能发生事故，如广州电网 1995～2010 年发生的绝大多数设备绝缘事故，都是在停电试验合格情况下发生的。因此，通过事故分析，可反思检测技术的有效性。

随着制造水平的提高，常规停电预防性试验项目的缺陷检出率已经较低，主要原因如下：①设备的实际运行电压远高于试验电压，使某些局部缺陷在较低的试验电压下难以表现出来；②现有的检测技术本身不足以发现某些类型的缺陷或无法监测缺陷发展情况；③停电试验周期较长，检测的密度或频度不够，使缺陷的快速发展时期未能开展针对性检测而导致事故；④多年来停电试验发现的常见缺陷类型在制造阶段已经解决，缺陷的形式发生了新的变化。

实践表明，电网企业制订的预防性试验规程具有较高的科学性、实用性和合理性，对判断设备真实状态具有重要作用，但其静态试验的问题难以克服。

尽管停电故障诊断技术在不断发展和革新，但终究有特定的局限性，特别是随着状态检修的开展，需要常态化开展设备状态评价，如目前停电试验周期为 3 年，用某次测量的数据来评价 3 年内的状态，无疑是不合理的。

同时，在运行条件下设备本身绝缘特性和“停电冷态”之间有一定差别，所以带电测试或在线监测更能有效反映设备真实绝缘状况，另外“数据采样”密度大，能更为有效地发现缺陷。动态的带电（在线）检测技术配合必要的设备维护或诊断试验，将是状态检测的重要发展方向。

（二）带电测试与在线监测的比较

带电测试与在线监测技术的测试原理基本相同，不同之处在于数据的传送方式。针对不同的特征状态量和应用场合，两类技术各有优缺点，其差别主要表现在以下方面：

（1）测量精度对比。带电测试使用的是移动式的检测设备，因此，检测仪器可以使用精确等级相对更高的内置式传感器，设备的屏蔽设计也可以采用更为精密的解决方案。而在线监测采用的是分布式测量技术，传感器多，费用受到限制，一般选取的传感器精度与带电测试相比可能会低一些。此外，带电测试设备运行条件要远好于在线监测装置，容易保持较好的检测性能。所以，就检测精度而言，带电测试设备无疑要高于在线监测系统。

（2）维护工作量对比。由于不在现场长久放置，带电测试仪器的长期稳定性能、电子元器件的抗温漂性能和抗电磁干扰性能，要明显优于在线监测装置，维护工作量也远少于在线监测系统。

（3）性能价格比对比（简称性价比）。带电测试技术性价比要远高于在线监测系统。一台带电测试仪器设备的费用在几万到上百万不等，但其使用面广，使用年限长，而在线监测系统运行寿命一般都远低于带电测试设备、维护工作量也远超过带电测试设备。

（4）检测灵活性对比。在检测灵活性方面，带电测试设备显然更好。由于移动方便，一台设备可以对多个变电站同时进行监测，但在线监测显然难以做到。特别是带电测试可以避开不利的测量环境，如干扰大、气象条件不佳，因而误报警的可能性较小。

（5）连续监测性对比。连续监测性方面，在线监测要好于带电测试设备，特别是对于智能电网而言，要实现自动监测、智能控制，需要采取在线监测技术。随着物联网的兴起与发展，设备的远程诊断与维护将变成可能，而配套的在线监测技术也将逐步发展。这些监测的特征量应是控制量和某些适时性要求较高的状态量，不是所有的参量都要通过在线的方式获取。

三、不同检测模式的经济性比较

在选择设备运维模式方面，实现效能、风险及成本的综合最优，是大家关心的问题。

（一）停电试验与带电测试的比较

根据广州电网2001～2010年试验数据统计，110～220kV避雷器、耦合电容器停电预防性试验发现的缺陷数均为零起，电容式电压互感器停电预防性试验发现的本体绝缘缺陷数为1起，因此这几类设备停电试验的投入与产出比是不相称的。国外大量资产全生命周期管理的研究和实践表明，设备全生命周期总费用在制造阶段结束以前就决定了99%，试用阶段仅占1%。按这一模式进行估算，假设一台 500kV 氧化锌避雷器折算到投产时的全生命周期费用为 36 万元（人民币），则该设备折算到投产时的平均运行维护阶段费用仅为3600元左右。这笔费用在我国电网企业可能连一次停电预防性试验所需的基本费用都不够。

某电网公司曾做过计算，按照正常情况，完成一个较大规模220kV变电站容性设备的停电试验，需要1人30个工作日才能完成，而采用带电测试技术只需要1人1.5个工作日，因此，工作效率可以提高20倍。但考虑到采用带电测试技术后，测试的频度要适当加强，如测试频度按停电试验的4倍计算，综合考虑路途、开工作票等非工作环节所占的时间为总工作时间的一半左右，则可以算出效率仍可以提高2.5倍左右，而检测的有效性则会大幅度提高。

采用带电测试还能有效提高试验安全，减轻劳动强度，提高效率。目前进行的停电试验多数是拆线进行的。由于拆线试验对人身和设备的安全都会有一定影响，拆装引线的时间基本占到了试验时间的一半左右，使试验效率难以提高，而带电测试或在线监测则可以大大提高生产效率，而且劳动强度与停电预防性试验相比减轻许多。

广州电网在 2001～2010 年，设备总量实际增长超过 65%，而同期试验人员仅增长 1.9%。其主要的做法是，通过带电测试技术延长停电预防性试验周期，使设备过快增长而人员较慢增长的矛盾得到解决。此外，采用带电测试后，申请停电的次数大幅度下降，大大减轻了电网运行的压力，提高了供电可靠性，同时减少了大量操作，节省了运维费用，效益得到了显著提高。

（二）带电测试与在线监测的比较

目前，很多技术人员对在线监测关注较多的是该技术是否成熟，期待该技术成熟后，在价格进入可以接受的范围时，大规模推广该技术。事实上，多数技术人员缺乏深层次的思考。为对推广在线监测技术的经济性进行分析，以下面较为成熟的油色谱在线监测系统作为说明。

案例 1

假定对某电网公司 220kV 变压器全部安装绝缘油色谱在线监测系统，按 1000 台主变压器计算，每台多组分检测装置费用为 15 万元，则总投资为 1.5 亿元。色谱在线监测装置的使用寿命按 8 年计算，商业贷款利率按 8.0%计算，则每年的还本付息总费用大约为 2550 万元。在线监测系统的年维护材料费用，按总投资 3.0%计算，则每年需要材料费用 450 万元。检测系统维护人员按 20 人计算，每人工资及综合成本 20 万元，则每年需要 400 万元。

综上所述，每年需要分摊的费用累计约为 3400 万元。

如果这 1000 台主变压器按委托某省电力科学研究院试验的方式进行监督，按每年 2 次取样周期考虑（该周期是现行国标规程取油密度的一倍），按每个油样 750 元考虑，则费用为 150 万元，如果将取油样费用和其他综合性费用假定为 190 万元，则总的费用为 340 万元。

可见，采取在线监测的模式年分摊费用是外委送样试验模式的 10 倍左右。如果采取运行单位自己做的管理模式，费用结果与外委送样试验模式差别不大。

考虑到技术进步，在线监测装置费用可能会下降 2～3 倍，再大规模下降就很难了。由此可见，两种模式的相关费用不在一个数量级上。

我们还可以从资产全生命周期费用的角度进行考虑。如前所述，这 1000 台 220kV 主变压器安装在线监测系统后，每年系统分摊的费用按 3400 万元计算，如果不考虑不同阶段价格变化因素，则 25 年内的全生命周期静态投资的总检测费用为 8.5 亿元。如果采取外委送样试验模式，在同等计算条件下，25 年的总检测费用为 8500 万元。

可见，在不考虑价格变化因素的前提下，全部采用在线监测模式的资产全生命周期费用中的总检测费用，要比外委送样模式多了 7.65 亿元。

从设备故障后可能造成的损失角度，来看待不同检测模式的技术经济可比性更有说服力。事实上，根据广东电网多年的变压器运行情况统计，绝缘油色谱超规程标准的比率大概在 3.6%左右，而这部分油色谱超标的变压器中，只有 20%～30%的缺陷会逐步扩大并转化为故障或障碍，多数缺陷则趋于稳定，不会进一步发展。按照这一统计数据进行估算，这 1000 台主变压器中可能有 8～11 台色谱超标变压器的缺陷，会持续发展并转化为故障或事故，如每台 220kV 主变压器投资费用按 900 万元计算，则总的设备损失费用为 0.72 亿～0.99 亿元。

假定平均每台设备事故后的维修费用为 1400 万元（事故后新订购变压器按每台 900 万计算，维修费用可适当偏高取值，按每台 500 万元计算），环境和人身损失按每台 700 万元估算（目前尚未有普遍认可的标准，可适当偏高取值），设备故障后转供电造成的电量损失按每台 400 万元估算（假定转供电时间为 2.5h，变压器容量为 18 万 kVA，电费为每度 1 元，则总电费直接损失 45 万元，考虑社会损失后可按 400 万元计算），则上述项目损失费用为 2 亿～2.75 亿元。

综合考虑以上各项损失，只要不发生因大规模电网事故造成的大面积停电，则上述 8～11 台变压器故障后可能的损失费用为 2.72 亿～3.74 亿元，远不及油色谱在线监测系统投入的 8.5 亿元费用多。

调研表明，我国电网企业通过绝缘油色谱分析，发现了大量潜在缺陷。但是，运行企业取油样的周期一般是半年到 1 年，发现缺陷后一般缩短周期进行跟踪，对重大的缺陷跟踪周期最频繁的一般在 1 周到 1 个月。从近 20 年的运行实践看，规程规定的取样周期基本是合理的，绝大多数潜在缺陷都在预定的检测周期内得以发现，实际上电网运行企业因为监测频率不够而发生变压器事故的案例并不多见。这说明离散的采样点已基本可以满足大多数变压器运行检测的需要，现场对油色谱在线监测系统的需求并不是十分迫切。研究表明，只需将规程规定的取油周期再加密 2～3 倍，则定期取油送检的模式完全可满足运行需要，使大规模电网事故的概率处在可以接受的范围内。

事实上，故障后绝缘油的扩散需要一个较长过程，因此对突发性故障检测不灵敏是绝缘油色谱在线监测的一个明显缺点，把该系统作为防止变压器突发性事故发生的主要手段是不明智的。

上述案例是以被测设备缺陷率相对较高，而在线监测技术相对比较成熟的变压器油色谱在线监测技术，作为背景介绍的范例。而对于电容型设备的介质损耗在线监测、氧化锌避雷器的泄漏在线监测，由于被监测设备缺陷率处在极低水平（远远低于油色谱超标的缺陷率），现场可检测的缺陷越来越少，而在线监测系统的成熟度要显著低于油色谱在线监测系统，因此，无论是成熟度还是性能价格比，都不具备可比性。

案例 2

某电网公司决定对 22 个 GIS 变电站安装超高频局部放电在线监测系统，按每个变电站 20 个间隔，每个间隔 GIS 在线监测系统费用为 17.5 万元，则总投资为 7700 万元。在线监测装置使用寿命按 8 年计算，商业贷款利率按 8.0% 计算，则每年的还本付息总费用约为 1306 万元。在线监测系统的年维护材料费用，按总投资 3.0%计算，则每年需要材料费用 231 万元。在线监测系统维护人员按 2 人计算，每人工资及综合成本 20 万元，则每年需要 40 万元。

综上所述，每年需要分摊的费用约为 1577 万元。

如果采用带电测试模式对上述变电站开展检测，测算费用方法如下：

（1）检测人数估算。每组检测人员按 4 人计算，每天变电站的检测数量为 2 个，则完成 22 个变电站需要的检测天数为 11 天。如果要求每周对 GIS 设备开展 1 次巡检，则最佳的巡检组数为 2 组，加上管理人员及司机等劳务人员，实际的总人数按 12 人进行考虑。

（2）人均检测费用估算。每人每天的各种费用按 1500 元进行估算，即每月费用开支约 54 万元。由此可以算出在确保每周 1 次的检测频度情况下，每年的实际开支费用约为 657 万元。与全部采用在线监测模式相比，每年节省的费用约为 920 万元。

两者对比可以看出，如果 GIS 设备寿命按 25 年计算，若不考虑价格变化因素，整个资产全生命周期的运维阶段检测费用将节省 2.30 亿元。事实上，根据电网 GIS 设备多年的运行情况和缺陷发生概率进行估算，在确保每个变电站 GIS 设备每月的检测频度为 4～6 次的情况下，对于 GIS 设备的局部放电检测而言已经足够了。

从案例 1 和案例 2 可以看出，安装在线监测系统的规模越大，带电测试和在线监测两种模式之间的费用差别就越大，技术经济可比性也就越不理想。如果安装变压器或 GIS 在线监测装置的总台数是一个较小的数量，如在为数不多的发电厂变压器或 GIS 安装或重大资产设备安装或特高压变电站安装，则因为绝对数量小，二者的费用差别就不大，处在可以接受的范围。

四、不同检测模式诱发电网事故的风险概率比较

前面分别介绍了停电预防性试验、带电测试及在线监测几种模式之间的技术经济比较。事实上，无论采用哪种管理模式，都不可能绝对避免设备事故发生，所不同的是诱发事故的风险概率大小不同而已。作为电网企业设备管理而言，希望在较低的投入情况下，实现风险、效能的平衡。如果我们能够对采用带电测试模式后，对诱发电网事故的风险概率进行计算，即算出采用带电测试模式而不采用在线监测模式后电网事故的概率，给出可能的风险值，则对设计不同的检测模式将具有积极作用。

下面以变压器绝缘油色谱状态监测为例进行说明。

假定油色谱在线监测技术与不停电取油样预防性试验技术的成熟度完全相同，则采取带电取油样进行预防性试验模式诱发电网事故的概率估算如下

$$K=K_1K_2K_3K_4 \tag{4-1}$$

式中：K 为采取现行带电取油样进行预防性试验模式可能诱发电网事故的概率；

K_1 为变压器绝缘油色谱数据超过规程规定标准的平均概率，可取 3.6%的经验值（这一数据是根据广东电网多年统计数据得出的，国内不同电网企业统计数据略有差异，但总体差别不大）；

K_2 为绝缘油色谱超标的变压器可能转变为故障的平均概率，可取 30%这一偏严格的经验值（统计表明，对于绝缘油色谱超标的变压器多数将趋于稳定，只有 20%～30%将持续发展并可能诱化为故障）；

K_3 为采取现行的规程规定的取油样周期进行试验模式的缺陷漏检概率，可取 12%这一偏严格经验值（经验表明，采取现行的规程规定的取油样周期，仍有一定的漏检概率，根据广州电网多年统计数据，这一概率为 8%～10%）；

K_4 为变压器发生设备故障后诱发电网事故的平均概率，可取 2.5%这一偏严格的统计值（大规模电网事故统计数据表明，因变电站设备故障诱发电网事故的概率为 5%～7%，其中，变压器引起的约占 1.8%，详见本章第三节）。

由此可以估算出不安装色谱在线监测系统，按照规程规定周期开展预防性试验模式引发电网事故的概率为

$$3.6\% \times 30\% \times 12\% \times 2.5\% = 0.0000324 \qquad (4-2)$$

按某电网公司 1000 台 220kV 变压器计算，则诱发电网事故的总台数为 0.0324 台，即这 1000 台 220kV 变压器平均每 30.86 年可能有一次故障会诱发电网事故。也就是说，按照现行规程规定的取油样周期进行预防性试验，发生因变压器故障诱发电网事故为“30 年一遇”。如果将取油样密度提高 2 倍，假设绝缘油超标缺陷的漏检率下降到 6%左右，则约 60 年有一次变压器故障会诱发电网事故，即所谓的“60 年一遇”。由于变压器报废年限小于 60 年，因此，可以认为取油样密度提高 2 倍后，基本不会诱发大电网事故，而费用仅为全部安装在线监测系统检测模式的 1/10。

同理，可以对 GIS 设备采取局部放电带电检测模式后诱发电网事故的风险概率进行估算：

某电网公司共有 GIS 间隔 5500 个，2008～2010 年 GIS 设备的平均总故障率为 0. 0022 次/（间隔·年）（故障数据包含运行中发生的事故、障碍及通过带电检测发现并证实的缺陷总数，取多年运行中故障率最高期间的统计数据）。该公司运

行单位按2年1次的检测周期，开展了带电检测，发现的缺陷数为27起，而实际发生的事故为16起，则按偏严格数据取值，可以推算出2年1次的检测频度下的缺陷漏检率为37.2%（漏检的原因有技术成熟度不够、检测周期过长等）。假定出现的GIS局部放电缺陷100%会持续发展并转化为故障（由于目前没有可信统计数据，故取极端严格数值），单个GIS间隔故障后诱发电网事故的概率按2.5%的统计概率计算（假定GIS故障引发电网事故的概率为2.5%，取值偏严格），则按规程规定的2年1次的频度开展局部放电带电检测模式引发电网事故的概率为

$$0.22\% \times 100\% \times 37.2\% \times 2.5\% = 0.00002046 \tag{4-3}$$

因此，5500个间隔诱发电网事故的间隔数为0.11253，也就是在2年1次的检测频度下，这5500个GIS间隔平均每8.886年可能有一次漏检故障会诱发电网事故。如果检测周期改为每半年1次，假设漏检率下降到原来的1/4，则每35.5年会有1次漏检故障可能诱发电网事故。事实上，由于本算例中GIS的故障率数据取值是多年统计故障率最高期间的数据，同时并非所有的局部放电缺陷都会持续发展并转化为故障，单个GIS设备诱发电网事故的概率取值偏严格，因此，上述估算数据比实际结果保守许多。

参照上述方式，可以对其他设备或其他试验项目采取停电预防性试验、带电测试等不同检测模式诱发电网事故的概率进行估算。

实际上，我们也可以在大规模统计数据的基础上，根据预先设定的防御电网事故的风险数值来估算理想的带电检测试验周期或进行检测周期的优化。水利系统在进行防洪减灾的设计时常按照“50年一遇”的防洪标准、“100年一遇”的防洪标准进行防洪设施设计，而三峡水利枢纽的防洪水平更是达到了“1000年一遇”的标准，其中很重要的原因是要实现防洪设施的投入与洪水的风险概率相匹配。水利系统在防洪减灾上的某些理念对我们进行电网设备预防性试验制度设计具有重要的参考价值。

第二节　状态检测技术配套的组织体系研究

我国电网设备状态检测模式，正在从传统的以停电预防性试验为主的管理

模式到以带电检测为主的新型检测体系转型，需要一个较长过程逐步建立一整套基于可靠性、经济性、有效性等多目标趋优的设备检测体系。无疑，一种新型的管理模式诞生既需要必要的技术手段，又需要必要的管理措施。而从某种意义上讲，管理因素可能更重要。

通过前面几章的分析可以看出，多数设备已基本具备从停电试验转变为带电检测的条件。对于其余的带电测试难以发现的部分缺陷，则需要结合综合停电或设备维护机会通过停电预防性试验或诊断性试验予以弥补，或结合带电测试技术应用将停电周期延长。这些都离不开配套的组织体系支持，需要通过有效的组织措施及管理创新为每一类设备设计一套可行方案，促进管理模式转变。

一、建立覆盖主、配网设备，与新型检测模式相适应的管理体系

目前，电网企业正在系统推进状态检测管理模式的转型，而现场以带电测试为主的检测模式配套的组织体系建设还较薄弱，需要逐步加强和完善。

例如，思想观念上，虽然很多运行单位认识上有进步，但仍然过度强调设备安全，常把试验作为一种免责手段，决策中较少考虑不同检测模式的经济性因素，而不少企业在缺乏充分论证的情况下，就盲目开展实践，造成不必要的资金浪费。部分企业缺乏专门针对配网设备开展状态检测的机构和工作人员，缺乏对检测数据进行收集的信息化系统和专业从事数据分析的技术人员岗位。管理标准、规章制度、运作模式及人才队伍，不适应全面开展状态检测与状态检修需要。

新的管理模式要求结合推进状态检测体系建设需要对电网企业状态检测岗位设置和运作流程进行调整，在组织结构体系上确保状态检测技术能够覆盖到输电、变电、配电各个环节。需要培养一批具有较高技术水平的技术专家队伍，保证状态检测工作的有效开展。

又如，由于很多企业没有一套符合实际的全局性考评机制与指标评价体系，使多项措施难以落实。需要通过状态检测考评机制及绩效管理体系的建立，确保相关工作顺利开展。特别是在对可靠性及资产回报率要求高、对状态检修支持力度大的情况下，需要通过管理模式创新尽可能减少计划停电，最大幅度

降低检测成本并提升检测效果，形成高效统一的管理体系、组织体系。

二、建立与新型状态检测模式相适应的高效组织流程体系

电网企业在现场实际运作过程中，往往遇到同一设备的不同特征量归不同运行单位进行检测、管理的情况。由于试验单位、运行单位、检修单位各自分别管理，各有各的技术规程，导致大量重复停电和操作，影响了可靠性，增加了运维成本，在体制上对提升状态检测效果、提高可靠性及降低成本带来了不利影响，尤其不利于状态评估开展。

例如，断路器的机械特性检测项目规程规定由检修单位负责，而电气试验项目由试验单位负责，实际上电气试验只有绝缘电阻、接触电阻两个缺陷检出率极低的停电试验项目可做（气体可带电测试）。这种管理流程不仅造成了大量重复停电，给运行带来压力，还浪费了大量人力物力。如果能够利用综合停电的机会进行试验或直接将该项目划归设备维护单位，那么只需要检修人员在设备维护时多做20～30min，就可以为试验人员、运行操作人员各自节省数小时工作时间和数个工作班组，带来了很大的收益，这些就需要有效的组织体系予以保障。

又如，在加强绝缘油分析试验基础上，变压器本体停电试验项目基本具备了进一步延长周期的条件，而由于套管暂无十分有效的带电（在线）检测项目，使其实施起来比较困难。但如果从另一角度看，考虑到套管停电介质损耗试验时间仅几十分钟，如将这一项目改为结合设备维护时进行，而将本体停电周期进一步延长，则在不影响监督效果的情况下实施起来就很方便，既减少了停电次数，又提高了生产效率。尤其在先进的带电检测技术越来越多的情况下，停电测试的项目将大大减少或简化，为结合维护开展试验打下了基础。

从现实情况看，收集整理、调度、巡视、检修、试验、保护、计量规程，研究不同规程之间的差异程度，探索利用上述规程检定项目进行综合停电检测，尽可能减少停电次数的可行性研究是一个值得重点关注的课题。研究表明，在对各规程规定检测项目进行简化，对相关流程进行优化的基础上，各专业利用结合综合停电机会开展检测是具备了可行基础的。

再如，如前所述，由于在线监测系统性能价格比不理想，不具备大规模推广

价值，而从设备资产管理、状态检修和可靠性管理的角度出发，又希望有一定的检测频度，因此，采取纯粹由单一试验单位来开展状态检测的模式既难以实施也不经济。如果采取配套的组织体系调整，推广结合巡视开展状态检测的模式，在变电运行单位集控中心、输电运行单位、配电巡视班组设立巡视与检测相结合的带电状态检测班，配备一批操作简便、性能优良的带电测试设备并结合巡视开展测试，确立运行维护单位与试验单位分工明确，各有侧重，共同承担状态检测的工作模式（其中，简便、易行的带电测试结合巡视开展；重大带电测试技术由专业试验负责），则对停电试验为主的检测模式将带来实质性的变革，既能大幅度增加检测频度，又能提升效率，提高检测效果。另外，加强技术人员的培养，着重培养高水平专家队伍和一岗多能的一线生产人员队伍，明确相关职责分工和管理流程，逐步建立以状态检测为中心的状态检修工作组织体系是极为必要的。

近年来，设备的“差异化”运维受到了广泛重视，它要求区分对象，制订差别化维护策略。如根据排查，广州电网部分变电站设备故障可能诱发特高压和西电东送直流通道双极闭锁，给系统安全稳定运行带来隐患；由于特定的网架结构，个别变电站设备故障将有可能诱发大面积停电，这些独特运行状况要求状态检测主体实施单位，根据系统的实际状况动态调整运维策略，检测单位与调度单位之间应有高度协调一致的管理流程。此外，针对预防性试验周期过于单一，对大用户等“差异化”试验周期推进实施力度不够，系统内变电站的不同设备，也应逐步实行“差异化”检测等问题，都需要对体制和流程进行优化。

事实上，有些问题在技术上实施起来可能比较困难或付出的代价较大，而通过管理模式的创新则可能十分简单、有效，通过管理与技术的有机结合，既能提高运维效率，又能促进可靠性提高，提升检测效果。

三、建立与新型状态检测体系相适应的培训组织体系

与传统停电预防性试验管理模式不同，多数带电（在线）检测技术尚没有完整、配套的标准支撑体系，给现场诊断带来了较多的不确定性。特别是多数以局部放电测试为手段的检测技术普遍需要较高知识水平和测试经验，检测过程中的数据分析、放电缺陷模式识别、各类干扰排除等都需要大量的测试经验

积累，非常不利于现场一般人员使用，尤其是巡视人员的使用。因此，建立高水平的检测人才队伍，加快状态检测技术的培训就成为重要的基础支撑工作。

此外，目前电网设备带电（在线）监测技术培训工作还存在很多难以克服的问题。如试验模式正在经历从停电试验到带电检测的转型，而由于条件限制，进行各类带电测试技术的实操培训与技能鉴定很困难。由于系统被试设备、试验仪器、试验方法种类繁多，试验环境千变万化，一般的基地难以满足以带电测试为主的试验项目培训与技能鉴定工作需要。特别是由于条件限制，难以实现对带电测试技术的现场测试技能考评与测试，一般只能通过笔试采取理论考试的形式进行，使真实效果大打折扣，难以真实地评价一个员工的实际技能水平。上述情况是我国电网设备试验专业培训与评价中存在的普遍性问题，因此，对传统培训与技能鉴定模式进行改革，创新一种与新型状态监测体系相适应的培训与评价模式，并进行实践论证极为必要。

第三节　基于电网风险的状态检测体系策略研究

据统计，1961 年以来，世界上共发生过 20 多次负荷损失 800 万 kW 以上的重大停电事故。特别是 20 世纪末本世纪初，世界多个国家先后发生了大面积电网事故。因此，电力系统的安全稳定运行和灾变防治越来越引起各国的关注和重视。

从各国电网事故情况看，导致事故的原因多种多样，其中，很大一部分是因为一次设备的故障或事故扩大而诱发的。例如，2005 年 2 月，发生在莫斯科及其周边 4 个地区的大面积停电事故，就是由于电流互感器的故障导致局部地区电力供应中断，调度员为恢复供电尝试调用周边可用容量，导致相关线路严重过载造成的，损失在数千万美元以上；又如，2012 年深圳“4·10”停电事件，也是由于断路器爆炸，运行人员在倒闸操作中，母线支持瓷瓶断裂造成事故扩大而形成，造成深圳中心城区部分区域停电达数小时。

连续不断发生的大停电事故使人们意识到，采用“*N*-1”原则已不足以保持电力系统可靠性水平，但也没有一家电网企业会认可电力系统的“*N*-2”

或“N-3”的规划原则经济上的合理性。特别是随着低碳经济和智能电网概念的提出，有效提高资产利用效率对于我国尤其重要。显然，一种可行的选择就是在尽可能小的经济代价下，使系统的风险水平维持在可接受的范围内。

同理，一种更加全面合理的状态检测体系，应兼顾经济性与可靠性。由于设备安全与系统安全具有一定的关联性，因此，如果能根据设备与系统关系，区分重要程度，差别对待，根据设备对系统的重要性配置资源，则有可能大幅度提高检测的针对性，既提高效率，又降低成本。为此，需要开展设备安全与系统安全的关联研究，并针对性地制订基于电网风险的状态检测实施策略。准确了解设备安全与电网安全的关联程度，从理论分析和运行实践的角度来开展相关研究。

一、设备安全与电网安全关联性的理论分析与研究

该领域理论探索方面，国内外的科研院所、高校已开展较多研究，并有了成熟结论。国外方面，英国 EA 公司等在系统风险评估领域进行了大量工作，其主要思路是利用严重度计算方法评估系统风险，利用自定义的严重度函数分别计算线路过负荷、电压过低、电压失稳及连锁故障风险指标。国内方面，已经主持了“我国电力大系统灾变防治和经济运行重大科学问题研究”，提出了电力系统灾变防治三道防线理论。此外，重庆大学、广西电网公司电力科学研究院等都开展了相关研究，获得了大量成果。鉴于本书重点关注的是，根据设备安全引起系统安全的研究结果来调整状态检测实施策略，因此，可以直接引用相关结论。下面以广西电网公司电力科学研究院的研究结论为例进行说明。

广西电网公司电力科学研究院结合状态检修工作开展需要，比较系统地研究了设备风险及其引起系统风险的相关理论问题。其对设备故障造成的后果进行了详细量化，从设备损失、人身环境损失、系统损失和社会损失四个角度进行了计算，建立了一套较有针对性的风险评估定量化指标体系。设备风险通过设备损坏后的维修费用来衡量，系统风险通过自定义的严重度指标，从电压越

限、潮流越限、电压失稳和连锁故障四个角度来衡量设备故障对系统坚强程度的影响程度。

该单位采用 IEEE-RTS79 系统从理论方面模拟典型接线设备出现故障后，计算得出的引起系统稳定问题和电能质量问题的可能性。系统包含 230kV 和 138kV 两个电压等级，含有 32 台发电机（分布在 10 条母线上）、24 条母线、33 条线路、5 台变压器和 1 台电抗器。在假定各个所需参数已知的情况下，依次算出了设备故障带来的经济风险和可能引起的系统风险。通过计算可知：

（1）大部分设备原件的自身安全性风险都接近 0。这是由于 RTS79 系统相对复杂，有 32 台发电机分别从 10 条母线向全网供电，电网不存在非常重要的主干线路，因此单一故障情况下不会发生严重的系统故障。计算中发现只有很少一部分线路故障会造成负荷丢失，进而造成严重的社会损失。

（2）在系统备用充足，且电源点布置合理情况下，单一设备故障不会造成严重的系统损失，也不会造成系统崩溃或电压失稳等严重的电网事故，只有部分线路的安全性风险不为零，这是由于部分设备的退出必然会使部分其他元件承担更大运行责任，电网冗余度必然降低，反映到严重度上便会有相应指标不为零。

上述分析表明，对于电网变电站多数设备，发生事故后引起系统问题、电能质量问题是小概率事件，只有部分设备问题会带来较大的系统风险和经济风险。例如，某些设备或母线通过单线与系统连接，一旦故障，必然造成一定的系统风险；又如，一旦某些线路、母线或设备故障后潮流大范围转移，也可能带来较严重的系统后果。因此，我们可以将这些一旦出现故障便可能引起系统事件的设备定义为“关键节点”或“关键设备”，这些网络拓扑结构中关键性的节点就是系统的主要风险点。

二、设备安全与系统安全关联性的运行统计分析

要分析研究因为设备安全诱发系统安全的可能程度，最直接的方法是对电网已经发生的系统安全事故原因进行统计分析，找出因为设备故障、事故诱发

系统故障的概率分布情况。为此，笔者对 1993～2011 年全世界发生的 97 起大面积停电事故和2004～2009 年某电网公司发生的120余起一般电网事故的原因进行了分类统计，结果分别如图 4-1 和图 4-2 所示。

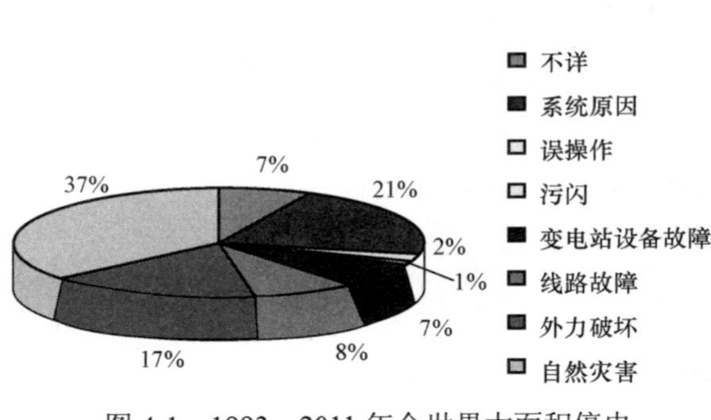

图 4-1　1993～2011 年全世界大面积停电事故原因分析

从图 4-1 可以看出，因为变电站设备故障或事故引起的大面积停电事故概率约为7.2%，其中，断路器事故引起的有 1 起，变压器事故引起的有 3 起，电流互感器事故引起的有 1 起，GIS 事故引起的有 2 起。线路故障引起的大面积停电事故约为 8.2%，共计 8 起，其中，电缆事故引起的有 5 起。

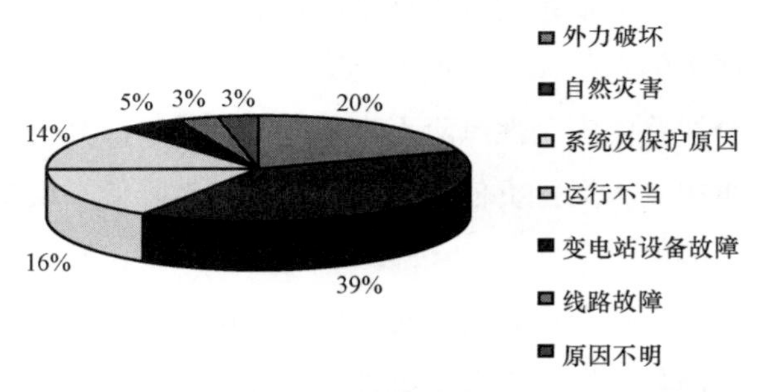

图 4-2　2004～2009 年某电网公司一般电网事故原因分析

从图 4-2 可以看出，某电网公司发生的一般电网事故中，因为变电站设备故障或事故引起的大面积停电事故概率约为 4.8%，其中，变压器事故引起的有 1 起，GIS 事故引起的有 3 起，套管和隔离开关引起的各有 1 起。因为线路故障或事故引起的大面积停电事故约为 3.2%。

比较图 4-1 与图 4-2 可以看出，变电站一次设备故障诱发电网事故的概率十分接近，都在 5%～7%左右。将两者汇总起来总体分析得出各设备诱发电网事故的概率如下：因为断路器事故引起的占 0.45%左右，因为变压器事故引起的占 1.8%左右，因为 GIS 引起的占 2.25%左右，因为电流互感器、套管、隔离开关事故引起的各占 0.45%左右。

通过理论计算和运行情况统计分析可以看出，发生变电站设备故障后引起系统事故是小概率事件。实践证明，绝大多数一次设备故障对电网可靠性的影响都较小，而某些关键节点设备会带来较大影响。研究结果提示我们，应根据设备在系统中所处位置的重要性，针对性地调整状态检测策略，对重要设备和一般设备实现“差别化”的检测周期和项目。按传统检修的模式，这些设备运维标准都一致；而按新的理念，则差别对待。无疑，后者将大大提升效益。

目前，国内试验单位与调度之间的关系是申请停电与批准停电的关系，试验单位仅根据调度下达的停电计划开展工作，显得十分“被动”。试验单位采取的是相对独立的管理模式与技术规程，这种现状无疑应逐步得到改进。值得说明的是，虽然这一理念比较先进，但在操作方面存在较多困难，由于越是重要的“关键节点设备”，其申请停电试验的可能性越难，因此，要实现动态的、差异化的检测周期，逐步采取以带电为主的检测模式是前提和基础，此外，还需要建立一整套完整的组织保障体系。

第四节　状态检测模式的选择及发展趋势判断

现阶段，我国电力系统普遍执行的是以定期停电试验为基础，结合适当带电（在线）检测、巡视及诊断性试验做补充的预防性试验管理模式，由于缺乏统筹优化，造成了大量重复停电和一些不必要的过度试验。因此，应结合未来电网技术的发展趋势进行统筹优化，逐步过渡到一种新型的设备运维模式。

一、状态检测模式的统筹优化与选择

过去十几年，我国高压设备的制造质量有了大幅度提升，在社会对可靠性及电能质量要求越来越高的情况下，优质高效地做好设备维护是大家面临的共同问题。实际上，这一问题也就是国外所遇到的检修优化问题。

（一）配网设备状态检测的统筹优化

在我国多数电网企业中，配网是造成用户停电的主要原因，其中，计划停电、临时停电、事故/故障停电又是位列前三的停电因素，但是，配网设备全面开展停电试验确存在较多实际困难。由于配网数量大、分布广、价值低，即便是按最低周期要求进行停电预防性试验，工作量也很大，而且现场试验有很多

实际问题，如对用户可靠性影响问题、拆线问题、登高问题等，实际操作起来也很困难。因此，研究如何有效开展配网设备技术监督就提到了日程。

关于配网设备的检修优化问题，我国实际上已有较多研究结论。结果表明，在配网设备完全具备转供电能力的情况下，专门的停电试验无助于可靠性的提高；在配网完全不具备转供电能力的情况下，专门的停电试验则会大大降低供电可靠性，如广州电网共有配网设备十几万台，10kV 电缆一万多千米，若全部采取停电试验方式，会导致用户每户每年停电时间达十几小时（2012 年广州电网配网带电作业开展 5000 余次，对可靠性的提升仅 6.5h）；在配网不完全具备转供电能力的情况下，专门的停电试验对可靠性影响不大。

由此可见，配网设备停电试验的有效性十分有限，因此，配网设备的状态检测优化应注重以下 3 点：①对配网的运行考核应从考核设备事故转变为考核供电可靠性；②对重要的用户实行“差异化”运维，重要用户采取冗余设计，提高转供电能力，建立重要用户、冗余及部分冗余设备的技术档案并实行差别对待；③对大多数设备确立以带电测试为主，停电试验为辅的状态检测模式。将配网的部分带电测试项目与巡视结合起来，一般不单独停电进行配网预防性试验，而是结合综合停电、缺陷处理等开展预防性试验。实际上，在提高可靠性方面，配网设备的检修、维护也应通过带电作业模式予以实施。

（二）主网设备状态检测的统筹优化

随着设备制造水平、运行维护水平的提高，以及状态检测技术的进步，多数停电预防性试验发现的缺陷类型都可以通过某种非停电试验的模式予以发现，使真正需要停电才能发现的缺陷类型大大减少，这就为停电试验模式的调整或优化，以及逐步利用带电（在线）检测技术延长停电预防性试验周期或替代某些类型停电试验打下了基础。事实上，国内部分经济发达地区的先进供电企业，如国网北京市电力公司、国网上海市电力公司、广州供电局有限公司、浙江电网公司等，都在这方面做出了积极地尝试并取得了良好效果。其中，国网北京市电力公司在颁布的技术规程中，已将 220kV 及以下设备基准停电试验周期延长到了 6 年，而南方电网则将部分 110kV 设备停电预防性试验周期延长到了 6 年。

实际上，通过带电测试延长停电试验周期将对检修优化带来深远影响，其既能提高生产效率，又能改善供电可靠性。特别是作为设备状态评价而言，按 3 年 1 次停电试验的“离散”数据去评价设备状态，无疑显得太长，按在线监测数据去评价又存在诸多困难，难以客观反映真实状态，而带电测试则提供了相对合理的评价手段。

研究表明，在设备制造水平有了大幅度提升的情况下，通过带电测试技术合理延长停电试验周期，在安全方面是有保障基础的。下面是 2 个具体的估算案例：

（1）假定某电网公司有 110kV 及以上氧化锌避雷器 3000 台，多年预防性试验得出的设备平均缺陷率为 0.1%，采用 3 年 1 次停电试验加每年的带电测试管理模式下缺陷的漏检率为 16.6%，单台避雷器故障诱发电网事故的概率小于 1%，则可以估算出在该种管理模式下，这 3000 台避雷器诱发电网事故的概率为

$$0.1\% \times 16.6\% \times 3000 \times 1\% = 0.005$$

即 200 年左右可能发生一次电网事故。如果将停电试验周期延长到 6 年，带电测试周期不变，则这 3000 台避雷器诱发电网事故的概率可估算为

$$(0.1\% \times 16.6\% + 0.1\% \times 33.2\%) \times 3000 \times 1\% = 0.01495$$

即 66 年左右可能发生一次电网事故，这一概率与 200 年左右发生一次电网事故的概率相比有所升高，但仍可接受。

（2）假定某电网公司有 110kV 及以上电容式电压互感器 2000 台，多年预防性试验得出的设备平均缺陷率为 0.84%，采用现行的停电试验加带电测试的缺陷漏检率为 11.2%，单台设备故障诱发电网事故的概率小于 1%，同样可计算出在 3 年 1 次的停电试验周期，以及每年开展的带电测试情况下，这 2000 台电压互感器诱发电网事故 54 年左右可能发生一次；如果将停电试验周期从 3 年延长到 6 年，而不特别加强带电测试的情况下，则会下降到 18 年左右发生一次。

上述两个案例都是假设不加强带电测试，仅延长停电试验周期后可能带来的风险变化。如果较大幅度增强带电测试力度，既增加检测频率，又引进有效检测技术，则上述风险会大幅度降低。

开展状态检修并不意味着取消检修，对停电预防性试验体制进行调整也不意味着取消停电试验。由于受设备结构、制造工艺等因素的影响，各类设备的零部件均存在一定的使用寿命或使用周期。因此，设备最长检修周期不能超过其自身

最薄弱环节最长使用时间。设备最长检修周期在设备制造商的产品说明书中已经明确。因此，每隔一定周期对设备开展维护是必要的，如更换密封圈，检查开关机构等。所谓的状态检修实际上就是依据设备的状态决定其维护的策略。

在设备的停电预防性试验项目多数被带电测试技术替代，停电类项目大幅度减少或周期延长的情况下，可以考虑将常规的定期停电预防性试验改为结合设备的维护、检修同时进行，则传统单独的停电预防性试验体制也就逐步地被设备检修维护及相关试验所替代。如国标规程规定断路器的接触电阻测试周期为 3 年，而某厂家规定的维护周期为 15 年或操作 5000 次后测量，因此，可以将这一项目直接调整到维护时进行。如果断路器绝缘电阻项目在大幅度加强红外检测的基础上也参照执行，则断路器的常规停电试验项目都可以在设备维护时一并考虑，这样既减少了大量停电，又提高了生产效率。在加强入网设备质量管理，提高运行维护水平的基础上，这种方案是具备可行基础的。所有的维护试验可以由一个单独的设备维护单位负责。

这样，在有效加强带电检测的前提下，电网企业的设备状态检测模式将逐步优化并过渡到以下三位一体的管理模式：设备的日常巡检多数可逐步由运行单位负责，采取结合巡视开展检测的模式；设备的维护及必要的停电试验由设备维护机构负责实施，单独的停电试验会很少；设备的状态评价、老化评估及寿命诊断试验可由专业的技术支持机构负责。做到了这一点，则我国以停电试验为主的预防性试验体制也就逐步真正与国际接轨了。

目前，我国正在开展具备自诊断功能的智能化一次设备的研制开发和试点应用。实际上，对目前我国研制的智能化一次设备的状态检测模式可以做如下的估计和预测：①研制周期长，一般一个新设备的设计、研制到产品定型需要 7～8 年时间；②由于电网存在大量非智能化设备，需要结合今后智能变电站建设，完成一、二次设备同步改造，全部改造完毕的时间大约为 15～20 年；③大量配网设备状态检测不可能采取智能设备的检测模式；④智能化一次设备不可能全部实现自我诊断，仅某些参量可能实现自我检测与预警，最终还是需要人为介入，进行最终的综合故障诊断。此外，这些设备投入的成本会高很多。

由此，可以得出结论，未来的 25～30 年，具备自我诊断功能的智能一次设备难以完全替代人工的状态检测模式。

由于带电测试与在线监测模式技术经济可比性方面的差距，对于大多数设备和配网设备以及适时性要求不高的绝缘状态特征量检测而言，带电测试显然要比在线监测更为合适，应是未来25～30年状态监测的主流模式。

二、在线监测对于未来电网的价值及使用策略

如前所述，绝缘在线监测技术在国内曾掀起多个应用高潮，而运行实践证明其效果并不理想，使相对一部分运行人员对在线监测技术的价值及使用产生了疑问。特别是随着数字电网、智能电网相关概念的提出，在线监测技术对于未来电网的价值问题也提了出来，这也是现场需要面对的现实问题。

从国内外目前提出的智能电网建设实施方案可以看出，智能电网及智能设备都具有“可观性”“可控性”“数字化”“信息化”的特点，都需要对电网的关键状态量进行监测，也都离不开在线监测技术。相对于电网自动化领域而言，设备运行管理的数字化、信息化技术要落后于调度自动化领域。随着电力系统对安全性、经济性、可靠性和优质供电服务要求的提高，以及物联网技术的迅速发展，在线监测技术仍有很大的需求空间和发展空间。

在线监测是一个广义的概念，在线监测不等于我们传统观念认为的“绝缘在线监测”，分析在线监测技术对于未来电网的价值，可以根据其需求和目的将其划分为以下3类：

（1）以“控制”为目的的在线监测技术。未来智能电网需要实现设备及电网的智能控制、网络控制、协同控制，从控制的目标和需求出发，由于对适时性有较高要求，因此需要对控制对象的特征参量进行在线监测。例如，要通过网络控制变压器的油泵、风扇的启动，则必须适时监测其绕组温度变化；又如，要实现对变压器有载开关的智能控制，必须适时监测电压的变化等；再如，要实现对线路传输容量的智能调节，必须适时监测系统关键线路温度变化，而要自动投入无功补偿设备，必须适时监测电压变化等。由于智能电网的重要特征是智能控制、协同控制，因此，这些以控制为目的的在线监测技术无疑存在极大需求空间。

（2）以“状态观测”为目的的在线监测技术。由于未来智能电网的一个重

要特征是“关键节点或状态的可观测、数字化、信息化”，如需要随时了解断路器的分合闸位置、变压器的运行抽头、系统的网络拓扑结构、变压器铁芯接地电流、线路视频、覆冰、气象环境、电缆隧道视频等信息。这些参量的适时性要求虽然没有控制量高，但从实现设备安全、运行等信息的获取、传递和使用的数字化，实现设备科学管理，提高生产效率，及时掌握电网及设备运行状况方面出发，有较大需求空间。因此，以这些状态观测量为目的开发的在线监测技术有其独特的使用价值和领域。

（3）传统的绝缘在线监测技术。该技术也就是国内设备管理专业同行通常所指的在线监测技术。由于设备健康状态的变化是一个十分缓慢的过程，电网现有运行中的高压设备处在很低的绝缘缺陷水平，因此，现场对设备这些特征参量进行适时监测的需求并不是十分迫切。

例如，广州电网 110～220kV 耦合电容器、氧化锌避雷器十年预防性试验发现的缺陷为零起，110～220kV 电容式电压互感器十年停电试验发现介质损耗超标的缺陷为 1 起，无疑，在如此低的缺陷率情况下推广在线监测技术是不明智的。此外，由于技术经济可比性远远不如带电测试，使这些技术的使用范围受到了限制。因此，绝缘在线监测技术也就存在一个使用的策略问题。

从现场实际需求情况看，绝缘在线监测技术的使用应注重以下 3 点：

1）应根据不同设备缺陷、事故的特点，选择不同的监测参量及监测方式，要反对脱离实际、不计成本大规模推广绝缘在线监测技术的做法。要走出思维的误区，改变那种通过绝缘在线监测技术作为发现设备缺陷的主要形式的观点，突出监测的目的性和有效性。

2）从重视设备安全向重视系统安全转变。对于多数设备而言，监测方式应尽可能采取带电方式。目前，最有效的带电测试技术是局部放电带电测试技术、油气分析及红外测温技术。对于特别重要的联络线路及其两侧间隔设备，如特高压线路、西电东送主通道设备、重大资产设备、重要保供电设备、存在家族性缺陷的重要设备可适当采取在线监测方式。

3）应重视可移动式绝缘在线监测系统的研制与开发，逐步实现可移动、智能化的车载巡检系统，满足不同用户、不同场合的特殊监测需要。

鉴于智能输电网建设目的是在高度数据共享的基础上，综合考虑未来电网发展方向和趋势，提高设备管理和生产管理的信息化、智能化程度，逐步完成智能系统对人工的替代，因此，状态检测技术有其独特的使用价值。无疑，设备检测和诊断技术将是智能输电网建设的重要内容。在今后较长的一个周期内，状态检修和设备风险评估、应该在综合分析带电检测、停电试验等各类数据基础上展和进行。通过带电检测模式实现设备管理数字化、智能化，是今后的一个重点方向，必须在完善设备信息管理制度的基础上，对设备维护、运行、检修及更新策略进行评估，逐步建立以风险效益为核心、基于设备全生命周期优化管理体系的状态检测流程与策略，提高统筹决策的科学化、精益化管理水平。

第五章

状态检测体系的应用实践

第一节　传统预防性试验模式的完善与改进

对传统的停电预防性试验管理模式进行改革，一方面要保留精华，另一方面要使一些不适应新形势发展需要的做法得到改善。

根据未来管理模式应是基于“可靠性、经济性、有效性”等多目标趋优的考虑，对停电预防性试验体制进行改善，应在不降低技术监督效果的原则和前提下，从减少计划停电次数、缩短停电试验时间、提高试验效率、优化试验流程等多个方面来考虑。

主要的做法包括：①研究不拆引线试验的可行性，如能实现，将大幅度缩短停电试验时间，提高可靠性，节省成本，提高效率；②研究互感器带电取油样、SF_6 设备带电微水试验可行性，如成功，将实现上述设备不停电试验（介质损耗的试验可带电测试）；③在简化试验项目的前提下，研究不同专业利用综合停电机会，共同合作开展预防性试验的可能性，如能实现，将减少大量重复停电申请，达到大幅度减少预安排停电，提高可靠性，降低成本的目的。

一、全面推广不拆引线试验的实践

近年来，由于电网快速发展，现场试验人员对设备进行不拆线试验的需求和渴望也越来越大。所谓不拆线试验，是指在电气设备停电进行预防性试验时，在不拆除设备一次主要引线前提下进行的常规电气试验。按规程规定，试验时应拆除被试设备所连接的一次引线，即所谓的拆线试验。由于 110kV 及以上设备电压等级高，引线直径粗，拆线时的扭曲力大，试验拆接引线时需用升降车，需要消耗大量人力物力，既延长了停电时间，又可能造成设备损坏及人身安全问题。现场经验表明，试验过程中花在拆装引线上的时间基本占到了试验总时间的一半左右，如能不拆引线，将大大提高试验效率，节省大量时间；同时，还可以避免发生拆线问题而引起的设备接头接触不良、损坏设备、人身安全事故，以及降低劳动强度等。

虽然不拆引线与拆除引线的试验结果可能会有些差异，但是可以通过一系列的技术革新进行解决。例如，广州电网 500kV 设备不拆引线试验已有 22 年实际经验，实践证明，采用不拆引线方法进行预防性试验确实能减少大量停电试验时间，降低试验人员劳动强度，因此，普遍受到了基层班组的欢迎。此外，在进行方法改进、统筹做好安全管理的基础上，多数 110kV 及以上设备具备不拆线试验条件，测试精度不会显著降低。从 2008 年起，广州电网全面推广了 110kV 及以上高压设备不拆线试验，带来了以下经济效益：

（1）大幅度提高试验工作效率。经过比较精确的计算，全面推广不拆线试验以后，试验班组劳动生产率提高了 13.5%～22.5%。

（2）减少了停电试验时间约 30%～50%，减轻了电网运行压力，提高了可靠性，降低了设备损坏概率。同时可以节省大量拆线工器具和大量维护费用。

二、互感器带电取油样，SF_6气体带电测试的实践

根据本书第二章电流互感器预防性试验缺陷统计数据（表 2-6），绝缘油分析发现的缺陷占到了同期总缺陷的 66.55%。由于电流互感器电气试验项目可以带电测试，因此，如能实现绝缘油的带电取油样，则油纸电流互感器的常规停电预防性试验项目发现的缺陷，基本可以通过不停电试验方式予以发现。

同样，电压互感器预防性试验缺陷数据（表 2-7）表明，110kV 及以上设备缺陷占 41%，而其中电气缺陷仅占很小比率，不到 2%。因此，对于 110kV 及以上电压互感器而言，延长定期停电试验周期已具备条件，如果可以实现带电取油样，可以大幅度减少计划停电时间，提高可靠性。

综上所述，推广带电取油样具有积极意义。由于带电作业工作效率要远高于停电作业，因此，从提高生产效率的需求出发，也需将带电取油样纳入研究范畴。

研究和实践表明，在妥善处理好安全问题基础上，多数设备具备带电取油样和带电测试条件，带电取油样或测试过程中不会发生大的设备或人身隐患。如广州电网下属的番禺供电局从1995年以来就一直采取带电取油样，16年来从未发生任何安全事故。对一些停电特别困难、跟踪试验和特殊情况，带电取油样就显示出了极大方便性和灵活性，如发现异常情况需要对互感器进行诊断试验时，带电取油样可以及时了解设备健康情况。目前，该项技术已在多家电网企业推广，对提高可靠性，减少停电时间有积极意义。

这种模式转变带来了较大益处：①在带电取油样基础上，配合电容型设备带电测试可以较大幅度延长停电试验周期或实现不停电预防性试验，按广东电网2010年油浸式电流互感器数量算，可减少停电4000～8000次；②大幅度减少操作次数，提高生产效率，提高监督水平。

从多年运行情况看，SF_6设备气体试验每个气室实际操作时间一般为30～45min。因为试验必须跟停电计划时间同步进行，一般是跟检修或者同间隔设备的停电试验同步进行，不但耗费人力物力，而且灵活性少。研究表明，在统筹做好安全措施的基础上，110～220kV SF_6设备采取带电测试基本满足测试要求，应尽可能采取该模式；而对于500kV设备，由于安全风险相对较大，要慎重对待，可作为必要时的紧急测试后备手段，不一定作为日常例行试验。

三、跨专业合作开展停电预防性试验的实践

电网企业在开展设备维护时，往往不同的维护项目由不同单位负责，如消缺由检修部门负责、试验由试验部门负责、保护校验由继保班组负责，由于各自申请停电，因此，造成了大量重复停电。从提高可靠性管理的需求出发，供电企业普遍加强了综合停电的管理，但综合停电要求运维单位有足够的自由支配人力，否则由于各自任务安排，很难将所有项目都凑在一起。研究表明，在对各个规程规定的检测项目进行简化，略去一些效果不佳且不必要的项目，以

及对相关工作流程进行优化的基础上，跨部门合作开展状态检测具备了可行的基础。

通过管理创新、流程优化和跨专业合作，广州电网对利用综合停电开展预防性试验进行了探索。结合 2010 年亚运会停电特检机会，在 150 多个变电站开展了继保、运行、配网、检修、试验等多专业共同合作，进行“高压室特检作业”的实践并上升为常态化做法。通过流程优化，大幅度降低了高压室特检的停电时间。这种管理创新的要点在于：①加强综合停电管理，将停电指标分解到不同单位并加大考核力度；②尽最大可能减少意义不大的停电项目或通过不停电检查方式予以替代，尽可能缩短各专业检查时间；③优化工作流程，综合调度，妥善安排不同单位作业时间，确保有序作业；④做好不同单位之间的协调，统筹做好现场安全控制。通过流程优化，原本一个高压室特检，5 个专业需要 2 天完成的工作缩短到 10～12 个小时就能完成。跨专业合作开展作业的实践表明，该方法对提高可靠性，减少重复停电，提高生产效率有积极意义，具备大范围推广价值。

第二节　开关柜及母线通过带电测试替代停电预防性试验的实践

一、问题的提出

变电站开关柜数量大，停电困难，其停电预防性试验不但对可靠性影响较大，而且带来了大量操作，因此，高压室开关柜停电试验一直是困扰供电企业的问题。很多企业经常将高压室停电试验时间安排在半夜，以尽可能减少对用户的影响。

虽然通过电网建设可以大幅度提高供电可靠性，但是投入的成本大，消耗的资源多，短时间难以收到成效。因此，研究不进行定期停电预防性试验，而是改为通过非定期停电方式或结合维护进行检测就提到了日程。显然，该方式对提高可靠性有显著意义，如 2012 年广州电网共有开关柜 12600 台，10kV 母线 600 段，若按 6 年 1 次停电试验频度，则每年至少需停电 2200 次，若每次停电 2.5～3h，则每年仅开关柜试验就需停电 5500～6600h，对可靠性产生较大影响，还会增加大量操作，带来很多不安全因素，对系统运行造成较大压力。

调研发现，欧美及亚洲等多数供电企业没有定期开展开关柜停电预防性试验。如新加坡 22kV 开关柜试验项目有超声波检测、局部放电检测、温度检测，周期为 3～6 个月。只在需要进行设备缺陷、故障的综合诊断时才进行停电试验，部分项目，如直流电阻、交流耐压是结合检修机会进行，由于其带电测试周期较密，所以能适时发现许多潜伏缺陷。而我国 10kV 开关柜及母线基本以停电试验为主，由于周期间隔较长，造成了停电试验的有效性较差，难以实时发现许多缺陷。

二、开关柜及母线缺陷统计分析

通过对广州电网 10kV 开关柜及母线事故、障碍情况和运行缺陷统计后发现：

（1）10kV 母线从 1996 年起已连续 17 年在运行中无击穿事故，处在一个较高运行管理水平。10kV 开关柜 2002～2006 年的平均事故、故障率为 0.0474%，平均运行缺陷率为 0.52%，同样处在一个较低的水平。

（2）10kV 母线及开关柜事故、障碍中，绝缘因素引起的仅占 30%，而由外接头过热和机械因素引起的事故、障碍约占 70%。运行缺陷中，绝缘缺陷仅占 9.3%，而机械、过热、五防等缺陷占 90.7%。因此，为降低开关柜及母线缺陷率，应将注意力放在降低机械、过热、五防缺陷等方面。

（3）预防性试验发现 10kV 母线及开关柜平均缺陷率为 0.067%，其中，约 53.57%可以通过监控、巡视或红外发现，如压力表、盘表缺陷、过热缺陷等，停电试验发现缺陷主要为接触电阻偏大和耐压击穿。

（4）接触电阻超标缺陷占 0.0072%、盘表缺陷占 0.0336%、接头过热缺陷占 0.0024%、绝缘低或击穿缺陷占 0.024%。也就是说，平均试验 10000 台开关柜，发现的绝缘缺陷仅为 2.4 台，缺陷率在可接受范围。

综上所述，即便不进行 10kV 开关柜的预防性试验，由开关柜缺陷可能引发的事故率也处在一个极低的水平，设备的完好率也大于99.93%。连续多年来，因为母线运行击穿和开关柜接触电阻超标引起的事故为零起，母线停电预防性试验击穿也为零，因此，停电预防性试验对发现事故、缺陷隐患的作用不明显，取消开关柜及母线定期停电预防性试验，改为结合维护时进行，已具备基本条件。

三、开关柜及母线带电测试新技术

国外部分供电企业普遍开展了开关柜超声和暂态地电压局部放电检测，实践证明其对发现开关柜内部多种绝缘放电缺陷具有较好监督效果。其中，便携式的局部放电检测设备能够测量、定位现场运行设备由于局部放电而引起的瞬态对地电压，反映设备的运行状况并提示需采取的相应预防措施。小型TEV是一种更多功能的仪表，它不仅能发现局部放电，还能提供可读出的局部放电量和局部放电脉冲数，可以分级显示放电水平，是一种适合现场测试人员获得放电数据的仪器。PDM03现场局部放电检测设备，能够测量、定位各种现场运行设备由于局部放电而引起的瞬态对地电压，可以用来监测一段时间内的放电情况，且可显示因环境（如电压波动等）的变化而引发局部放电的情况。采集到的数据可被储存长达2个月，且可以分析并显示放电水平及其变化。这是当前国际上比较有效评估现场开关柜设备运行状况的仪器，测量精度2dB，测量带宽70MHz。

国外应用开关柜局部放电带电测试的实践证明，通过该套系统可有效地发现多种开关柜内部放电缺陷，如电缆接头放电、开关柜内TA放电等，特别是能够发现多种通过肉眼巡视难以发现的早期缺陷，其中，超声波法对于开关柜表面放电检测较为灵敏，而TEV法对于开关柜绝缘内部放电检测较为灵敏。因此，在开关柜制造水平大幅度提升，缺陷率较低的前提下，通过该检测项目的引进，可以发现早期潜在的故障隐患，为逐步实现开关柜绝缘监督方式从停电预防性试验为主到带电测试为主的转变打下了可行的基础。事实上，由于开关柜及母线的各类绝缘问题最终都要反映到局部放电问题而表现出来，因此，开展开关柜局部放电测试是在不降低技术监督水平前提下，取消开关柜定期停电预防性试验较好的补充手段。

四、具体做法与实践

按照 3～6 年 1 次的停电电气试验周期要求，不但试验工作量大，而且极大影响了供电可靠性提高，现场实际操作也困难。为解决这一问题，在多年缺陷分析基础上，通过引进带电局部放电检测技术、加强入网设备检测、提高运行维护水平等多种手段，广州电网自 2008 年起取消了开关柜定期停电试验，采取了非定期停电预防性试验模式。通过 5 年多的运行情况证明，运行中没有发生 1 起开关柜绝缘事故。目前，已将该检测系统配到巡视班组，常态化开展开关柜带电测试工作并颁布了相关的管理规定。

为确保开关柜非定期停电试验工作的顺利进行，有必要进行配套的全过程综合管理。其中，在基建及改造工程环节，应把住订货和选型关，采用性能好、事故率低的设备。在运行管理环节，应加强开关柜的维护工作，采取多项措施确保断路器同期、分合闸速度、弹跳符合要求。应加强对用户设备缺陷的管理、配电线路防止外力破坏的管理工作，全面推广并加强变电站中性点经小电阻接地的管理，要求曲折变压器必须投入运行。加强开关柜内部小器件的运行管理，以及巡视和远方可视监控系统建设，及早发现异常隐患缺陷。

五、取得的效益

取消开关柜定期停电预防性试验带来了较大益处：①在不降低技术监督水平前提下，大幅度减少了停电时间和次数。据测算，仅广州电网就可减少10%左右电网总停电时间，对可靠性提高和电网安全运行带来深远影响，同时可大幅度减轻运行压力，尤其是在配网转供电能力不够健全的情况下；②大幅度减少操作次数、操作可能对设备的损害和安全问题，以及减小误操作概率，降低运行人员劳动强度，提高生产率，节省成本；③可以有效提高监督水平。由于开关柜原来的停电试验周期为 6 年，周期间隔太长，而引入局部放电带电测试技术，加强巡视、检修管理后，检测的时间间隔缩短到 0.5～1 年，效果更佳。

第三节　利用带电测试延长停电预防性试验周期的研究与实践

为了推进预防性试验管理模式转型，广州电网进行了多年探索，通过有效的组织措施、技术措施及管理创新为不同设备设计了一套以带电测试为主的状态检测方案，并收到了良好成效，不但有效防止了事故发生，而且减轻了停电操作次数和试验工作强度，取得了良好经济效益。例如，从1991年起，500kV MOA 就没有停电进行过试验，而是通过带电测试进行预防性试验，大大减少了拆线劳动强度，既安全又经济。从1997年起，通过带电测试和红外检测的配合，将MOA的试验周期从1年延长到了3年，并于2011年延长到6年。再如，通过同相比较法带电测试和红外检测技术的配合，将电容型设备停电试验周期进一步延长到6年，确保了在不降低监督效果的前提下，较好解决设备过快增长而人员维持不变的矛盾。

一、电容型设备同相比较法带电测试技术的应用实践

广州电网于 2000 年开始进行电容型设备同相比较法带电测试技术的现场应用研究，主要针对以油纸电容型绝缘结构为主的电流互感器、电容式电压互感器、耦合电容器等设备开展。由于该技术有助于反映设备真实绝缘状况，减轻预防性试验压力，受到了运行单位重视。广东电网公司于2002年组织编写了《电容型设备同相比较法带电测试导则》，作为电网公司企业标准。

从2005年起，该技术开始得到大规模应用。到2012年底，广州电网已累计安装带电测试端子箱 2118 相，这也是国内首次大规模开展的带电测试端子箱安装。广州电网先后组织制定了《带电测试端子箱安装及验收技术规范》《电容型设备带电测试管理规定》《电容型设备带电测试作业指导书》等一系列技术标准、规范，确保能够按规范化、标准化程序进行。由于测试周期大幅度加密到每年一次，加上试验电压较高，因此提升了缺陷检出的有效性。在进一步加强介质损耗及电容量带电测试和红外检测的情况下，将电容型设备的停电试验周期从3年延长到6年，安全性是有保障的。下面是依据

本书第二章统计数据估算得出的实际案例。

假定某电网公司有110kV及以上油纸绝缘电流互感器4500台，多年停电预防性试验的平均缺陷检出率为1.2/1000，则在3年1次的停电预防性试验频度下，每年试验的台数为1500台，可能检出缺陷的电流互感器台数为1.8台。如果将停电试验周期从3年延长到6年，则每年停电试验的台数为750台，发现缺陷的台数为0.9台，由此可见，延长周期后与原来试验模式相比，漏检了缺陷0.9台。

采用同相比较法带电测试模式后，假定检测频度为1年1次，则每年的试验台数为4500台，如果带电测试的有效性完全等同于停电试验，可以算出每年发现的缺陷数为5.4台，可见缺陷检出率与停电试验相比提高了3倍。如果同相比较法带电测试技术的缺陷检出率只有停电试验的1/3，则可以算出每年带电检出缺陷的数量为1.8台，加上停电周期延长到6年后停电试验检出缺陷的数量为0.9台，可以算出在1年1次的带电测试配合6年1次的停电试验模式下，每年缺陷检出台数为2.7台，缺陷检出率与原来3年1次的停电试验模式相比，提高了50%。

同理可以算出，在2年1次的带电测试配合6年1次的停电试验模式下，每年的缺陷检出台数为1.8台，缺陷检出率与原来3年1次的停电试验频度检出率持平。

由此看出，采取同相比较法带电测试后延长停电试验周期，不但能减少操作次数，提高劳动生产率，而且可大幅度减少计划停电次数，保证了设备安全。

2009年4月16日，通过电容型设备的带电测试，发现了220kV某变电站110kV电流互感器B相的介质损耗超标缺陷。停电检查发现该互感器的电气、化学试验结果都已超标，验证了带电测试结果的准确性。其测试数据如表5-1、表5-2、表5-3所示。

表5-1　采用同相比较法得出的试验数据（被试设备与参考TA的介质损耗差值一般不大于0.3%）

相别	$\tan\delta$（%，I_X–I_N）	C_X/C_N
A	–0.13	0.758
B	2.72	0.769
C	0.0041	0.768

表 5-2 介质损耗停电测试数据

相别	tan δ（%）	C_X
A	0.186	668.9
B	0.904	615.9
C	0.18	619.6

表 5-3 化学试验结果

相别	H_2	CH_4	C_2H_6	C_2H_4	C_2H_2	CO	CO_2	总烃
B	29160	2937	140	1.6	0.2	81	467	3079

同相比较法带电测试需要注意的问题如下：①被测设备与参考设备必须处于同一电源即同一母线，否则可能造成较大偏差；②加强测试端子箱维护是有必要的，广州电网曾经发现过 2 次端子箱内部严重过热的情况，需要结合巡视开展必要的检查和保养。

对于油纸绝缘的电流互感器而言，如果具备带电取油样的条件，则配合同相比较法介质损耗带电测试，可进一步延长停电试验周期。由于断路器与电流互感器同为一个间隔，厂家规定的直流电阻测试周期一般为 6～8 年，因此，在适当增加红外测试频度的前提下，该间隔的最低维护周期也可同步调整到 6 年。

二、氧化锌避雷器带电测试技术的应用实践

由于氧化锌避雷器数量巨大，按照 3 年 1 次的试验周期要求，每年需申请停电试验的数量很大。例如，2012 年，仅广东电网公司 110kV 及以上避雷器的数量就已接近 30000 台，按照 3 年 1 次的频度，每年需要停电试验的避雷器近 10000 台，特别是对于线路避雷器，需要整条线路停电才能进行，对电网的可靠性带来了较大影响，给系统的安全稳定运行造成了较大压力。

经过多年发展，我国氧化锌避雷器的制造水平总体已达较高水平，缺陷率已处在可接受范围，此外，避雷器带电测试是公认的比较成熟检测技术，因此研究进一步调整、延长避雷器的停电预防性试验周期就提到了日程。

实际上，由于 500kV 避雷器拆线试验十分困难，因此广州电网从 1991 年开始一直采取通过带电测试替代停电预防性试验的模式，佛山供电局从 2004 年就已全面通过带电测试替代停电预防性试验，国家能源局在 2010 年颁布的

DL/T 393—2010《输变电设备状态检修试验规程》中也明确了开展 MOA 持续电流检测，可将停电试验周期延长到 6 年。此外，由于红外检测对于发现避雷器绝缘缺陷也是十分有效的手段，在加大红外检测力度基础上，将停电试验周期从 3 年延长到了 6 年，安全性是有保障的，其可能带来的缺陷检出率变化的计算方法可参见第二节相关内容。

但是氧化锌避雷器，特别是线路避雷器，一旦发生事故就会造成线路停运，影响系统安全稳定性，因此还需要对进一步延长停电试验周期的基础条件进行一些系统分析，进一步寻找可能的薄弱点。其中可能的影响因素如下：

（1）MOA 底座的绝缘问题。从 2001～2010 年广州电网缺陷统计情况看，共发现 109 起 MAO 底座绝缘不合格缺陷，约 4.25%的底座绝缘不合格。底座绝缘电阻偏小，会给 MOA 带电测试结果的准确性带来一定误差，因此这个问题应引起重视。解决办法有 2 种：①结合改造机会将旧式的底座绝缘结构改为绝缘子式结构；②适当增加红外检测的频率。

（2）避雷器老化评估问题。运行多年后，阀片的性能不可避免地会出现一些老化，此时在运行电压下，阀片可能没有问题，但在大电流或较高试验电压情况下，其性能可能发生变化。由于这种性能的改变通过常规带电测试很难诊断出来，因此做好老化评估并确定合理的更换周期就提到了日程，需要进一步开展研究。由于避雷器停电测试的 1mA 试验电压要显著高于运行电压，因此，从老化评估的角度分析，停电试验灵敏度可能更高，为一种有效手段。

此外，电压互感器与避雷器属于同间隔设备，由于避雷器停电试验周期延长到 6 年，而电容式电压互感器停电预防性试验缺陷检出率及运行中的事故率均处在很低水平，因此，在增加红外检测频率，对 CVT 开展同相比较法带电测试的基础上，可以考虑将 CVT 的停电试验周期同步调整到 6 年，避免同间隔设备重复停电。

三、变压器超声波带电局部放电检测技术应用实践

近年来，随着设备制造水平的提高，变压器本体运行中因为介质损耗不合格、直流电阻超标、突发短路等常见缺陷引起的事故已越来越少，而因局部放电超标导致变压器退出运行的却越来越多，如仅 2004～2010 年，广东电网公司就先后有

10余台500kV主变压器因局部放电缺陷导致故障、事故而退出运行。由于常规的电气预防性试验项目发现的缺陷已经很少，因此，变压器诊断技术必须同步跟上设备缺陷形式的变化。此外，推进变压器状态检修，需要对缺陷的性质和严重程度进行综合评价，从目前诊断技术看，局部放电诊断对设备绝缘缺陷检测较为有效，最能反映绝缘状态的重要指标之一。广州电网从20世纪90年代以来，先后对多台变压器进行了超声带电局部放电普查，发现了多起缺陷并经过吊检证实。

2004年，引进了美国PAC公司DISP-24超声局部放电测试系统和原武汉高压研究院开发的超声波局部放电检测系统，掌握该项测试技术后，即在国内首次开展了大规模测试，累计对400多台110kV及以上变压器进行了测试，共发现10余台变压器存在异常局部放电信号，包括广州抽水蓄能电厂500kV 1号变压器、惠州供电局某500kV 1号变压器等放电缺陷，吊检后证实其确实存在放电且定位结果与检修结果基本一致。发现的缺陷类型多种多样，有高压引线接触不良和引线脱落引起的缺陷、分接开关放电缺陷、低压套管爬电缺陷，检测结果说明该技术具备了较好应用价值，是变压器状态检测技术的有效补充。下面是一个具体应用实例。

2006年8月，某500kV变电站3号主变压器B相发现乙炔含量超标达7.6μL/L，且增长较为迅速，随后进行了超声带电局部放电检测及定位试验，系统收到了强烈放电信号，通过定位确定在高压引线出线附近存在一悬浮放电点。8月31日检修人员进入变压器检查发现高压引线的静电屏和引线的连接脱落，造成悬浮电位引起这一放电故障。定位得到的结果与检修时发现的故障点基本一致。吊检示意图如图5-1所示。

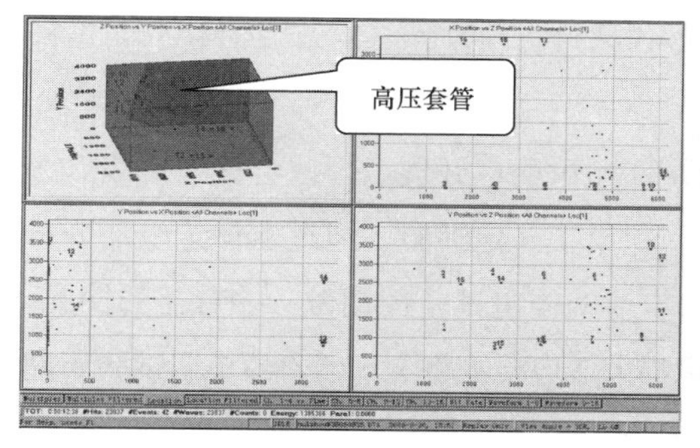

图5-1　吊检示意图

同时，广州供电局有限公司还先后多次应南方电网内很多单位的邀请，对多台500kV变压器、800kV换流站变压器开展了检测，发现了多起放电缺陷并成功进行了定位。从局部放电超声普查结果看，大致上可以分为3类：①没有发现任何局部放电现象；②表现为发现了可疑声源，有存在局部放电的可能性；③能明显检测到有规律的超声信号源，并能够较集中将信号源定位，高度怀疑存在放电故障。

通过大规模变压器局部放电超声波带电测试，广州供电局有限公司积累了大量原始数据和图谱资料。对于有局部放电缺陷的变压器，通过超声波系统对放电源进行定位，可以根据放电源位置判断其危害性、能否继续运行，预防和避免事故，指导变压器检修，节约检修时间和检修成本。该技术在现场应用的价值表现在：①可以提高绝缘诊断水平，为合理安排变压器负荷分配，实现最优调度提供技术支持；②可以进一步提高预防性试验的有效性，降低运行事故率；③可以合理调整变压器预防性试验项目、周期，大大减轻试验人员的劳动强度。近年来，该技术逐步得到国内认可，国网上海市电力公司及浙江、湖南、四川等省电网公司已先后引进超声波检测设备。

局部放电产生的电信号与超声波信号有一定相关性，但没有线性比例关系。现场测试表明，该技术仅对某些类型放电缺陷较为灵敏，而对于线圈深部的放电缺陷检测不够有效。如某500kV变压器各项试验指标均合格，超声波带电局部放电检测也没有发现异常，但不久就发生本体起火爆炸。因此，对于长期运行的变压器，当检测到局部放电异常，应综合历史数据和试验数据进行分析。作为一种方便的带电检测手段，超声波局部放电检测能有效地与预防性试验互为补充，从不同的角度全面考察变压器绝缘情况，是一种具有较好实用性的非电量检测方法。

在超高频局部放电带电检测方面，广州电网也开展了一些尝试与实践，邀请多家单位对部分变压器开展了检测，积累了一定经验。通过本体绝缘油分析试验和带电局部放电检测，可以为延长本体的停电试验周期做一些有益的探索。

在正常色谱检测频度下，通过带电局部放电检测将变压器直流电阻试验周期从3年延长到6年带来的缺陷检出变比情况可依据本书第二章统计数据估算如下：

假定某供电局有110kV及以上变压器660台，多年停电预防性试验直流电阻的平均缺陷检出率为1.5/100，则在3年1次的停电预防性试验周期下，每年试验台数为220台，可能检出缺陷台数为3.3台。如将停电试验周期延长到6年，则每年停电试验台数为110台，发现缺陷台数为1.65台，与原模式相比漏检了1.65台。

在开展带电局部放电检测的基础上，可以进一步考虑，适当增加油色谱试验频度，只要这种模式检出直流电阻超标缺陷的概率达到停电试验的1/6，则可算出每年检出缺陷的数量为1.65台，此外周期延长到6年后，停电试验检出缺陷数量为1.65台，可算出缺陷检出率与原来3年1次的停电试验频度的检出率持平。如果这种模式检出直流电阻超标缺陷的概率达到停电试验的1/3，则可以算出停电试验周期延长到6年后，每年发现缺陷的台数为4.95台，检测的有效性与3年1次的停电试验模式相比，得到了显著提升。事实上，国内很多电网企业均将部分110kV变压器直流电阻停电试验周期延长到了6年。

四、GIS设备局部放电带电测试技术的应用实践

2009年以来，国内电力行业GIS设备的事故率增长迅速，如仅2008～2011年，广东电网公司就先后发生20余起GIS设备绝缘故障或事故，还有20余起绝缘缺陷并经现场吊检后证实。因此，开展GIS设备的检测技术研究已引起业内同行高度重视。由于GIS设备均为全密封结构，无有效常规停电预防性试验方法，因此需要系统开展带电（在线）故障诊断技术的应用研究与实践。GIS设备的超高频、超声波带电局部放电检测技术受到了运行单位的普遍重视。

目前，GIS局部放电检测的仪器生产厂家有英国DMS、美国PAC、澳大利亚红相等数十家生产商，而国内多家电网企业已经利用购置的检测设备带电发现了多起GIS绝缘缺陷。广州电网结合2010年亚运会，开展了大规模的普查，积累了大量检测数据，累计发现各类放电缺陷7起。实践证明，超高频加超声波局部放电合成检测法方法使用效果较好，是目前GIS绝缘状态评价的重要手段。

目前，市场上的GIS设备局部放电带电检测仪器差别大，好的厂家不多，应严格选型。为便于推广和普及，应逐步建立GIS设备的带电局部放电测试典型缺陷图谱库和标准化作业指导书。

下面是一个超高频、超声波联合诊断的具体案例。

某 GIS 变电站 220kV 4 号变压器中压侧 2204 HGIS 间隔 22042 隔离开关 C 相在运行中（22042 处于分闸位置，隔离开关上部带电）有异响，2010 年 7 月 10 日，试验人员对该隔离开关气室进行了特高频和超声波局部放电测试。结果表明该隔离开关 C 相存在严重绝缘缺陷。

特高频测试结果显示，在 C 相某处存在"悬浮电位"类型的局部放电，而且测试位置离疑似放电点越近，信号越强。超声波测试发现 22042 隔离开关 C 相气室检测到较强的超声波信号，幅值可达 70dB，而 A 相气室和 B 相气室信号正常，分别只有 34、32dB。同样判断 22042 隔离开关 C 相气室存在较严重的局部放电缺陷。

随后申请停电并组织对相关部位进行了解体检查，检查结果如图 5-2 所示，从图中可以看出，气室内存在的粉尘造成了绝缘子放电，检测结果完全正确。

（a）

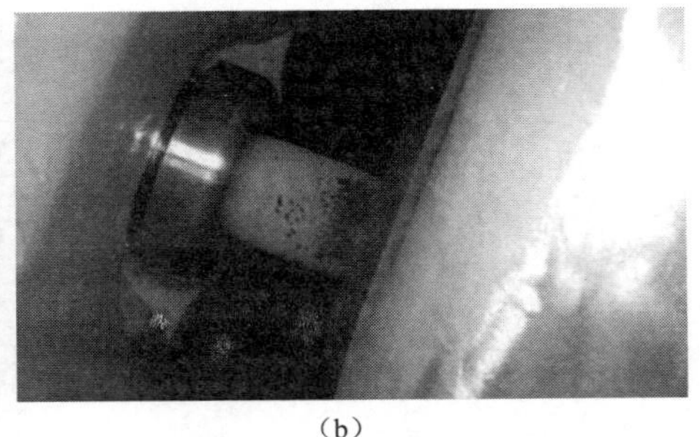

（b）

图 5-2　解体检查情况

（a）支撑绝缘子端面；（b）支撑绝缘子放电痕迹

五、SF_6 气体组分检测技术的应用实践

以往，电网企业对 SF_6 气体绝缘设备一直缺乏比较有效的检测手段，如对 SF_6 互感器、SF_6 变压器、GIS 等设备一直难以准确判断其内部故障。近年来，国内外科研机构开展了大量故障情况下 SF_6 气体分解物的检测技术研究并在现场进行了应用，取得了一定效果，使通过气体分解物检测故障成为可能。

研究表明，分解气体的成分及相对含量与故障类型有一定相关性，但目前对分解气体或化合气体含量与绝缘缺陷状况之间的对应关系，还缺乏完善而有效的原理、方法及判断标准。不同测试仪器之间也没有一个统一判据，亟待尽快制定行业标准。

2008 年，广州电网对 8 个 220kV GIS 变电站的 300 多个气室的最大污染分解产物含量情况进行了普查和分析。通过运用动态离子分析和气相色谱等多种检测手段，开展了气体分解组分的测试，积累了一定量的原始数据和图谱资料。

2010 年，结合亚运会特检，完成了南方电网最大规模的 SF_6 气体组分分析测试，整理了数千个间隔数据。通过普查，初步明确了 220kV 及 500kV GIS 设备中各类 SF_6 分解产物的体积分数水平。通过分析可得到如下结论：①500kV GIS 设备中 SF_6 分解产物体积分数低于 220kV GIS 设备；②运行时间越长，设备中 SF_6 分解产物的体积分数越高；③SF_6 气体分解物中数量较多、状态稳定，且在现场容易检测出来的主要有 SOF_2 和 SO_2。H_2S 组分含量大小可判断故障的放电能量及故障是否涉及固体绝缘，CO 是聚酯乙烯绝缘纸和绝缘漆分解的特征组分，CF_4 含量可分析判断固体绝缘情况等。

现场检测表明，气体组分分析法是一种准确度和可靠性都相对较高的测试方法，该方法对高能量放电比较敏感，但使用较为复杂，对早期程度较轻的局部放电缺陷不够灵敏，且测试结果受吸附剂、湿度以及放电类型影响较大。该方法可以作为其他检测方法的补充手段。如果其他方法检测出设备内有局部放电且气体组分分析异常，则基本可以断定设备内存在缺陷，应及时跟踪处理。近年来，广州电网多次通过 SF_6 气体色谱分析和 SF_6 动态离子分析，发现充气设备的放电缺陷，证明了其确有一定功效。下面是一个具体检测案例。

2010 年某日，某 GIS 变电站 3 号变压器中压侧 GIS 间隔避雷器气室出现异常响声和振动，初步判断可能存在潜在的故障，随后试验人员采用露点仪、动态离子分析仪、SF_6 气体组分分析仪等设备，对该间隔所有气室进行 SF_6 气体组分分析，测试结果如表 5-4 所示。

由表 5-4 可知，各气室的微水含量均在国标值之下，属于正常范围，只有避雷器气室存在大量的 H_2S、SO_2、HF 及 SOF_2，综合判断该气室可能存在严重的放电现象，吊检结果如图 5-3 所示，与试验结果完全相符。

表 5-4　　某 GIS 变电站不同气室气体含量检测数据

气室	检测项目							
	H_2O（μL/L）	（SO_2+SOF_2）（μL/L）	H_2S 综合分析仪（μL/L）	SO_2 综合分析仪（μL/L）	H_2S 比色管（%体积）	SO_2 比色管（%体积）	HF 比色管（%体积）	最大污染分解产物（μL/L）
瓷套	203	0	0	0	0	0	0	0
管道	202	3	0	0	0	0	0	0
隔离气室	180	5	0	0	0	0	0	0
避雷器	189	310	25	65	>0.16	>0.16	>0.16	1200

图 5-3　避雷器气室吊检示意图

六、红外热成像检测技术的应用实践

广州电网从 1989 年起开始应用红外热成像检测（简称红外检测）技术，对运行设备进行带电测试，并逐步推广了结合巡视开展带电检测的工作模式，在所有变电集控站、输电线路巡视班和配网运行单位配备了检测设备。红外检测发现的缺陷已占到总缺陷的 24%左右。近年来，通过利用红外测试与新型带电检测技术的配合，开展了延长设备停电预防性试验周期的实践。通过推进 110kV 及以上设备预防性试验 “从停电试验为主”到“带电测试为主”的转变，在大幅度加强带电测试技术的基础上，将大部分 110kV 及以下设备停电试验周期延长到 6 年。

通过带电测试与红外热成像检测技术的配合，使缺陷检测能力有了大幅度提升，避免了大量事故，对提高供电可靠性做出了贡献。

如 2009 年，通过同相比较法介质损耗带电测试和红外检测的配合，通过阻性电流带电测试和红外检测的配合，分别发现了 1 起 110kV 电流互感器、1 起 35kV 避雷器的重大绝缘缺陷。这两起缺陷都是在濒临事故前被发现，其中一台避雷器更换后已无法承担施加的试验电压，若采取以往的停电试验模式，是难以避免事故的。通过红外检测技术与其他带电测试技术的配合，既提高了供电可靠性，改善了供电质量，也使设备、缺陷的检测能力得以提高。需要说明的是，红外检测技术与其他带电测试技术实现最优配合，对设备进行绝缘诊断还值得专门研究。

第四节　状态检测组织体系的优化研究与实践

一、大力推进一专多能，跨专业配置试验人员

研究表明，对于低端技术含量的常规预防性试验而言，实行一专多能、跨专业组合开展现场试验，是值得推广的工作模式。实践表明，实行一专多能、打破专业界限配置试验人员，实现试验班组跨专业组合，可以较大程度提高劳动生产率，节省大量成本。如一台 220kV 主变压器及三侧间隔设备停电预防性试验，如果采取分专业进行现场试验的工作模式，在许可的停电工作时间内，电气试验专业需派 8～10 人、1 台车，化学试验专业需派 3～4 人、1 台车，仪表专业需派 3～4 人、1 台车。总体计算，需要 3 台车，14～18 人才能完成试验。若通过管理创新，进行内部流程优化，采取混合专业进行现场作业，将设备取油样、仪表校验等辅助工作交给电气、仪表专业或化学专业人员完成，则电气专业只需派出 4～5 人，化学专业只需派出 2 人，仪表专业只需派出 2 人，总共只需 1 台车、8～9 人即可完成试验，节省了大量成本和人力。由于每个专业派出的都是核心的技术骨干，而辅助工作、技术含量不高的工作则可以三个专业互相配合，因而有效提升了人力资源利用率。广州电网通过内部流程再造和跨专业重组，每个生产班组均配备了三个专业试验人员，员工持有 2 个及以上上

岗证的达到了90%以上。经测算，采取这种管理模式，同时进行量化考核后，劳动生产率可提高12.5%～16%，相当于增加了10～13人。

实际上，不仅是试验专业可以跨专业重组，在检修专业与试验专业之间一次专业与二次专业之间也可以考虑跨专业重组，这样，不仅能减少停电次数，也能有效提高生产效率。由于新加坡变电站只有简单的几种设备，型号单一，因此采取了运检合一的模式，而我国由于设备类型多，种类复杂，短期内推广运检合一的模式尚有难度，但实现试验与检修的合一则相对容易得多。

二、推广结合巡视开展带电测试工作模式

如前所述，由于设备分散、路途较远，变电站实行集控站管理模式，使现场试验仅消耗了小部分时间，而大部分时间消耗在路途、开工作票、等待操作等非工作环节，不但降低了生产效率，增加了投入的成本，也影响了状态检测效果。此外，随着变电站视频监控及遥视技术的发展，传统的运行人员开展的巡视效果也受到了影响，单凭肉眼发现的问题已经较少。如果能够进行改革，在有效加强运行人员技术培训的基础上，将操作简便、行之有效的状态检测技术与巡视工作结合起来，则既能提高巡视工作针对性，又能提高检测频率，提升检测效果和生产效率。

为改变这一现状，广州电网推进了结合巡视开展状态检测与专业特检相结合的管理模式。在变电运行单位巡检中心配备了红外成像仪或测温枪、便携式开关柜局部放电检测仪，输电运行单位巡检中心配备了红外成像仪、电缆局部放电带电测试仪，配网运行单位配备了红外成像仪、开关柜局部放电带电检测设备，目前，正逐步将常规带电测试装备推广到运行单位。

由于结合巡视开展带电检测，在基本没有增加人力和成本的基础上，使得检测的密度有了大幅度提升，一方面提升了检测效果，另一方面使配网设备预防性试验不再需要停电，大幅度提高了供电可靠性，对用户的影响降到了最小，服务水平得到了提升，配网预防性试验也变得真正可以操作起来，不再流于形式。此外，由于配备了必要的测试工具，巡视有效性得到了提高。

建立了“试验单位主体负责、主配网运行单位分工合作，结合巡视开展带

电测试的二级状态检测体系”后，由于是设备主人直接进行监测，使检测的针对性更强，从统一的检测周期向“差异化”试验周期转变的模式更加容易实施。

据统计，在广州电网进行各类带电测试工作时，等待变电站集控人员开工作票的时间一般在 40～60min 左右，平均等待开工的时间占到了总工作时间的 16%左右。如果在进行带电测试时，实行变电站远方许可，则可能会节省一定的工作时间，提高效率，前提是必须确保安全。如何建立一套既安全又高效的工作机制，是值得研究的课题。

三、推广“差异化”状态检测工作模式

国外电网运行企业的研究和实践表明，设备花在状态检测的费用约占总投资费用的 1%～3%是相对合理的。目前，我国电网企业在这方面与国外存在较大差距，因此，要综合优化利用资源，以较小的代价实现最大的投资回报，提出并实行可行的“差异化”检测模式，是电网企业必须解决的重点课题。对设备实现“差异化”检测主要包括以下 3 方面：

（1）实现从“关注设备安全”向“关注系统安全”的转变。根据设备对电网整体可靠性的影响，来调整检测重点对象和周期，大幅度加强重要设备的带电测试，而逐步放宽一般设备的停电试验周期，有效提升状态检测的针对性。例如，根据调度的风险分析，由于特殊的拓扑结构，电网某些关键节点设备出现事故后，可能会造成大面积区域停电，为此，需要对这些设备实行“差异化”的带电测试周期，而其他一般设备则可以按照普通周期进行测试；再如，对于“西电东送”受端电网，某些节点设备出现故障后，可能引起特高压直流输电出现换相失败，或对特高压交流输电产生影响，造成大的系统振荡，对于这些重点的设备，应实现不同的检测周期。

（2）从资产管理的角度实行“差别化”对待。对于重大资产设备、处在不同运行阶段设备，实现“差异化”对待。重大设备、处在老化期的设备的检测周期、检测项目，不同于一般和稳定运行期的设备。

（3）根据“需求侧”对象，实现“差别化”对待。电能质量敏感用户、大用户、重要用户供电设备的状态检测周期、项目与一般用户不同。如广州的中

新知识城是一个以微电子、信息技术、生物技术为重点的智能电网示范区，其用户为电能质量高度敏感用户，因此，检测模式的选择应实现差别化对待。

四、从资产全生命周期管理需求出发，推进检测模式转型

（1）开展入网设备质量监督，实现从事中、事后监督向事前监督的转变。成立了器材检验部、设备监造部并对外委交接试验单位开展了能力评价工作，制定并颁布了试验资质管理办法，强化配网试验管理。积极开展主配网设备入网抽查，产品质量得到明显提升。10kV 新竣工电缆全面推广了振荡波局部放电测试，确保了基建工程新投运电缆局部放电检测全部合格，也确保了工程质量。

（2）建立配套管理标准体系。从现场检测需求出发，编制并颁布了《10kV 配网开关柜局部放电检测管理规定》《配网设备入网抽查试验管理规定》等一系列规章制度。提出了多种检测仪器的选取原则、关键技术指标和灵敏度校验方法，建立了多种检测技术典型缺陷图谱库。将多年现场检测技术及管理方面的经验进行了整理、提炼，形成了多项企业管理与技术的标准。

（3）常态化开展了设备资产报废的老化评估，并取得了成效。例如，某 GIS 变电站已经连续运行 25 年，按规定可以退役报废，但经过状态评估，认为尚可以继续运行，为此，将报废年限推迟了 3 年。按照报废后改造变电站投资规模 4000 万元、年利率为 7.5%计算，仅推迟 3 年获得的收益就将近 1000 万元。再如，常态化地对 10kV 老旧电缆开展了振荡波局部放电检测，使电缆报废有了有效的状态评价手段，避免了大量合格电缆盲目报废。

第五节　状态检测技术新型培训模式的应用实践

一、创新与实践的背景

近年来，我国电网企业先后开发、引进了一大批具有国际先进水平的状态检测技术，如开关柜带电局部放电检测技术，变压器超声波带电局部放电检测技术，GIS 超声、超高频带电局部放电检测技术，电缆振荡波局部放电检测技术等。状

态检测模式正在从传统停电预防性试验转变到带电（在线）检测管理模式。

随着国内电网企业全面推进状态检测体系建设的需要，这些技术在国内普及已成趋势。由于这些技术的检测仪器普遍价格昂贵，对测试人员的技术水平要求高，而国内关于这方面的培训课件又基本为空白，因此加快开发符合现代培训发展趋势的状态检测技术培训系统就显得极为必要。

但是，以带电状态检测技术为主的培训和技能评价模式和传统的停电预防性试验培训和技能鉴定模式还存在较大差别。由于一般的基地难以真正带电运行，因此，难以满足状态检测项目技能实操培训与技能评价要求。如要进行电缆故障测寻的培训与技能鉴定，进行各类带电测试技术的现场实操培训就很困难。此外，由于条件限制，在一般的基地进行培训与技能评价难以真实模拟现场背景和所有缺陷类型（受硬件条件限制一般只有很少几种缺陷），不能实现任意时间、任意项目的技能考评，需要配备各类真实设备和测试仪器，占用大量场地设施，效率低，费用高。因此，对传统的培训与技能鉴定模式进行改革，研究并开发一种新型的、适合成年人特点的状态检测技术培训模式显得十分迫切。

二、新型培训模式的发展趋势

虚拟现实（virtual reality，VR），即利用计算机发展中的高科技手段构造出一个虚拟的场景，使参与者获得与现实一样的感觉。虚拟现实系统的最大特点在于它与用户的直接交互性。在系统中，用户可以直接控制对象的各种参数，模拟真实情况进行操作，而系统也可以向用户反馈信息。

虚拟现实技术在培训领域得到了较多应用。例如，美国建立了虚拟发电厂和虚拟电网模型，并将它们用于电力教学；日本研制开发了基于虚拟现实技术的交互式培训系统，并将其用于电厂操作员的上岗培训；加拿大研制开发了应用于电力系统培训的虚拟现实操作员培训系统，建立了三维电站的计算机模拟环境，能模拟电站运行的各种声音、电站环境和设备动作，并能识别操作员的语音命令。

与发达国家相比，我国虚拟现实技术还有一定差距，但国内一些科研机构及公司，已经开始了这一领域的研究、开发工作。云南电网公司采用虚拟现实技术，开发了变电站运行操作仿真课件，贵州电网公司开发了基于虚拟现实技术的三维配电仿真培训系统课件等。这些都表明，虚拟现实技术可以在电力系统的培训中担任重要角色，实现某些常规模式难以实现的特定培训。

随着计算机技术的飞速发展及虚拟现实技术在仿真培训上的运用，利用电脑模拟现场状态检测操作过程成为可能。该技术可以模拟不同试验仪器的使用，指导学员用各种方法进行试验操作及技能知识的学习，并且可以与现有远程培训网络良好接合，学员可以不受时间及空间影响，在三维虚拟的场景中进行网上培训及实操练习。对于新上岗试验人员，经过一段时间培训，到现场能很快胜任工作。特别是采取 3D 技术、多媒体技术和网络技术，采用三维动漫形式构建的虚拟真实场景的培训与技能评价系统符合成年人培训特点，使娱乐与学习融为一体，能有效激发学员的学习兴趣，提升学习效果，非常适合自主学习与培训。

三、具体做法与实践

为克服传统培训模式存在的不足，广州供电局有限公司组织开发了首个试验专业数字仿真与网络培训系统。通过三维动漫形式，构建了远程、虚拟真实变电站的培训系统。受训人员可以在系统上进行自我理论学习，通过知识管理平台查阅各类技术资料，可以在虚拟三维场景中随意漫游、自主操作，进行常规停电试验、电缆故障寻测和各类状态检测技术操作等指定的试验任务。受训人员可以不受限于时间、空间、人等因素的影响，随时随地地自主学习和自我测验。

系统采用 3D 技术和虚拟仪器技术开发仪器仪表，能实现仪器仪表全软件仿真。虚拟仪器仪表形象逼真，能动态显示仪器的操作过程、指针动作特性和测试数据变化情况。系统建立了状态检测技术现场试验虚拟场景，受训人员可以在虚拟场景中漫游，学习变电站设备结构，检查试验接线情况，从不同视角观察电气设备，而且可以进行接线和自我操作，具有很强的真实性和现场感。系统具有双向交互功能，可以随时提醒操作者相关注意事项，判断操作者操作是否正确。

培训系统实现了现场试验操作过程双向互动与可视化，通过网络实现了实操技能培训、自学与考评，扩充后可以用于技能竞赛。该系统既可以在局域网上运行，也可以在广域网上运行，还可以在互联网上运行。具体内容包括：①开发停电预防性试验实操仿真培训系统；②开发电缆故障寻测实操仿真系统；③开发电缆振荡波局部放电、GIS 局部放电、开关柜局部放电等状态检测技术的实操仿真系统；④实现实操过程的技能学习与评价。其功能如下：

（1）仪器仪表和高压设备仿真。仿真了主要仪器仪表和高压设备的外观和功能及其动态过程，不仅可用作培训，还可作为数字化仪器仪表、设备库使用，点击仪器仪表后可以查询相关的特性参数。

（2）理论学习培训仿真。对各种高压试验理论知识、试验方法、规程、现场经验等，进行平面、动画结合语音解说的形式介绍，形象生动宜于理解。

（3）实操仿真培训。以三维动漫形式再现现场测试全过程，对试验前准备、操作过程、安全措施及数据分析等均进行了仿真。可以通过对试验环境、被试设备动态特性及试验过程的仿真，真实再现测试全过程，主要功能为：①试验环境仿真，可以模拟现场环境，实现不同气象条件、温度、湿度显示仿真；②辅助用品仿真，如辅助设备、各种规格导线仿真等；③可自动检查所选仪器仪表及其辅助设备是否正确、导线选择和接线是否正确、接线次序是否正确、是否可靠接地、档位选择及操作是否正确、是否正确放电等；④伴生现象仿真，能仿真试验过程中产生的现象，如设备击穿、电晕放电、设备起火、喷油等外在现象，自动判别安全距离等。图 5-4 是典型的场景示意图。

图 5-4　现场试验动漫仿真

（4）试验专业知识库、案例库开发。将试验专业领域的显性知识、隐性原理、技术导则、人员行为规范与现场经验、事故案例等知识点，通过面向对象的方法表示，形成统一标准层次化知识库，实现对抽象知识的有效固化和存储，并形成实现管理、检索、智能评测等应用功能的知识库系统，累计存入事故、缺陷案例及技术报告数千份。

（5）技能评价系统开发。为解决无法进行带电检测技术技能考评与鉴定的问题，设计了实战与考评仿真软件。对主要检测技术设计了多套、多种考评方案，包括操作过程、试验数据分析及智能分析判断等。可以自动生成各种各样的缺陷，实战软件采用游戏形式进行比赛，能自动记分，增加了培训趣味性。

所述的网络培训和鉴定系统，为国内外第一套试验专业实操技能培训与评价系统，弥补了该领域计算机技能鉴定与考评课件空白的缺陷。其优点在于，可以很方便地实现带电测试等传统方法难以实现的培训与鉴定，数据及缺陷可以任意设置。可以节省被测试设备、仪器及场地，节省大量成本。能在虚拟环境中对测试技能进行培训、自学与考评，全程记录并给出考评结果，实现了实操评价量化考评。开发的知识管理平台，打破了技术壁垒，实现了数据信息高度共享。课件在电力行业有重大推广价值，是今后电力行业重点培训模式之一。

第六节　新型状态检测体系实践取得的成效

从 2000 年起，广州电网逐步开展了通过带电测试技术延长停电预防性试验周期的研究与实践。10 余年来，通过推进预防性试验管理模式从“停电试验为主”到“带电测试为主”的转变，以及长期积累与大胆实践，新型状态检测体系的建立已初具雏形，初步探索出了一条适合国情，具备大规模推广价值的管理模板。多年来实践取得的成效主要体现在以下方面。

一、在不降低监督水平前提下，减少了停电时间，提高了可靠性

通过加强带电测试技术的应用力度，以及 10kV 开关柜非定期停电试验并逐步将 110kV 及以下设备停电试验周期从 3 年延长到 6 年，电网年度停电试验

比率从 2006 年的 30%左右下降到 2012 年的 7%左右，在没有降低技术监督效果的前提下，累计减少了 24%左右电网总停电时间，可靠性得到有效的提升。表 5-5 是相关实践数据。

表 5-5　　广州电网停电预防性试验数量统计

年度	预防性试验设备总量（台/组/相）	预防性试验设备量（台/组/相）	年度申请停电试验比率（%）
2004	6574	1991	30.28
2005	7554	1970	26.07
2006	8824	1972	22.34
2007	14389	1508	10.48
2008	16651	2403	14.43
2009	22424	2759	12.3
2011	25624	2710	10.57
2012	29657	2076	7

注　2006 年以前数据为中心城区统计结果。2010 年亚运会进行了特检，没有可比性。

通过推进 110kV 及以上设备带电检测，将部分设备停电试验周期延长到 6 年，相当于减少了 14.25%的电网总停电时间，通过开展 10kV 开关柜带电状态检测，减少近 10%的电网总停电时间。年均减少变电操作数万次，有效降低了运维成本和安全风险。需要说明的是，采用带电测试技术延长停电试验周期，是在不降低技术监督水平前提下进行的，实践也完全证明了这一点。如对于延长了停电试验周期的 110kV 设备，未发生 1 起因为试验原因造成的事故。事实上，由于以带电测试为主，因此检测的频率、发现缺陷的有效性都大幅度提高，对状态检修的支持力度更大。

二、大幅度提高了生产效率，降低了运维成本

初步估算，综合考虑增加的带电测试工作后，通过推进预防性试验模式从“停电”到“带电”的转型，试验专业劳动生产率实际提高了 25%～30%。按照广州电网规模计算，相当于消化 60～65 座新增变电站试验工作量。实际上，项目实践单位在 2003～2012 年人员增长不到 2%的前提下，较好地完成了设备增长量超过近 1 倍的试验工作任务。

由于延长了停电预防性试验周期，年均减少操作数万次，降低了大量不必要操作，显著提高了生产效率，为企业带来了巨大经济效益。

三、提升了状态检测有效性，促进了状态检修体系的建立

由于是在大量设备缺陷、事故的统计分析基础上，通过带电测试技术延长停电试验周期，因此，针对性十分明显，发现了大量常规停电试验项目难以及时发现的缺陷和隐患，设备缺陷的检出率有了显著提升，促进了以状态检测为中心的状态检修体系的建立。通过逐步推进状态检修，设备不必要检修的数量得到了大幅度减少，如 110kV 主变压器由定期吊检和大修的年均 80 多台下降到 2011 年的年均 27 台，既避免了盲目检修，又节省了成本。

项目研究与实践成果基本达到了“可靠性”“安全性”“经济性”“有效性”等多目标趋优总体目标的实现。为广州电网城市停电时间从 24.5h/（年•户）下降到 1.8h/（年•户），克服人员基本零增长，设备大幅度快速增长的矛盾发挥了积极作用。成果直接面向我国电网设备，在国内电网公司、发电公司和大型用户变电站均具有推广价值。

第七节　结 论 与 展 望

通过多年探索，我国电网企业预防性试验体制正在逐步从传统的“以停电试验为主”的工作模式向“以带电（在线）检测为主”的管理模式转型。北京、上海、广州等发达地区先进带电诊断技术的应用已达较大规模，以带电检测为主的新型状态检测体系初具雏形。随着电网的快速发展，在设备质量大幅度提升，社会对供电可靠性和电能质量要求越来越高的情况下，如何优质高效做好设备维护是电网企业面临的共同问题。此外，智能电网建设已成为当今我国电网发展方向，是一项前所未见、复杂而艰巨的系统工程，同样对现有设备管理模式提出了新的要求和挑战。

为了应对这些问题和挑战，一方面要加快利用先进诊断技术，配合必要的管理创新，推进设备运维模式转型升级；另一方面必须未雨绸缪，结合电网发

展趋势，通过信息技术、通信技术及控制技术的综合应用，逐步构建适应智能电网建设需要的设备状态量测体系，最终实现设备管理的数字化、信息化、智能化。通过系统的研究和实践，得出相关结论如下：

（1）我国电网设备停电预防性试验的缺陷检出率、设备故障及事故率处在较低水平。停电预防性试验发现的缺陷多数具备了通过非停电方式发现的条件。

（2）新型检测体系的建立对提高可靠性、提升检测效果、降低成本、促进状态检修开展将产生积极作用。按照生产力决定生产关系、经济基础决定上层建筑的要求，应加快体制改革，从管理体系、技术体系、标准体系等多方面出发，推进预防性试验管理模式转型，建立与国际先进供电企业相适应的检测体系。

（3）不应全部否定传统的停电预防性试验管理模式。设备维护、巡视、试验、维修是状态检修的重要范畴。应通过流程优化、管理创新，实现停电预防性试验与检修、维护有效结合，达到减少停电次数、提升效率的目的。

（4）应在系统研究和充分论证基础上，稳步推进状态检测体系的建设。对不成熟的技术不应盲目实践、大规模推广，以免造成不必要的浪费。

（5）应加大培训力度，推广结合巡视开展状态检测的工作模式，逐步建立巡检、停电维护、老化评估三位一体的状态检测工作模式，这是未来状态检修体系建设的重要内容和发展方向。

（6）应逐步建立与新型设备运行管理模式相配套的综合评价体系。对状态检测、状态检修工作模式进行多目标优化，在确保设备及电网安全稳定运行前提下，实现综合绩效最优，以适应可持续发展和低碳经济要求。

智能电网建设将逐步发展成为国家战略，纳入国家建设规划，状态检测、状态检修是智能电网建设的重要组成部分。结合当前实际情况和未来发展趋势，考虑到设备检测体系在智能电网建设中发挥的作用，在以下 6 方面对其建设做出展望：

（1）要全面有序地推进适应智能电网需要的设备量测体系建设，必须进行总体规划。应在综合分析现状，准确把握未来发展趋势的前提下，提出合理的建设内容、实施策略和阶段建设任务，应结合电网其他建设规划统筹考虑。

（2）智能电网中的设备管理目标应以进一步提高电网灾变防治能力，以及设备资产管理、科学决策水平，实现设备管理的数字化、信息化、智能化为目的。智能电网中设备量测体系建设内容包括：状态检测体系及其配套的基础通信平台建设、数据共享平台建设、基于可靠性风险评估的状态检修体系建设、智能化一次设备的研制与应用、各种智能诊断、分析决策系统的研究与开发等。其建设历程包括数字电网建设初级阶段和智能电网建设高级阶段，其中，初级阶段主要实现关键数据监测、传输、使用的数字化和信息化；高级阶段主要实现设备运维管理的智能化、科学化。

（3）物联网技术的发展使电网设备远程维护变得可能。利用物联网技术、冗余技术、嵌入式技术，提高现场设备的可靠性和稳定性，为远程维护、实现变电站无人值守提供了基础。

（4）智能化一次设备将给变电站设计、运行带来深远影响。强调“测量、控制、计量、检测、保护”融合设计的智能高压设备，将对未来变电站建设有较强的引领作用，可以极大地提高控制、保护、自动化系统的可靠性、自治性、灵活性。数字化、智能化设备经过网络接口处理后，可实现智能调度与管理。

（5）数字化、智能化设备建设将极大推动设备制造业的发展，一次设备的制造企业将成为智能化一次设备的集成商，一次设备将面临大量技术创新并促进设备技术升级。

（6）大数据将贯穿未来电网设备资产全生命周期管理的各个环节，并为设备管理带来深远影响。基于大数据分析的输变电设备状态评估将促进相关数据挖掘技术在电力系统的应用，并培育战略性新型产业。

参 考 文 献

[1] 国家电网公司生产技术部. 国家电网公司设备状态检修规章制度和技术标准汇编.北京：中国电力出版社，2008.

[2] 国家电网公司生产技术部.电网设备状态检测技术应用典型案例.北京：中国电力出版社，2012.

[3] 帅军庆.电力企业资产全生命周期管理理论、方法及应用.北京：中国电力出版社，2010.

[4] 钟联宏.智能变电站技术与应用.北京：中国电力出版社，2010.

[5] 李红雷，张光福，刘先勇，等.变压器在线监测用的新型油气分离膜.清华大学学报，2005，45(10)：1301-1304.

[6] 黄德祥，曹建，王会海，等.基于MEMS技术的热导池检测器在变压器油中气体检测系统的应用研究.化工自动化仪表，2004，31(6)：48-50.